JN081160

認定書籍

LPI
公式認定

Linux Essentials
合格テキスト&問題集

長原宏治 著

日本能率協会マネジメントセンター

本書の内容に関するお問い合わせについて

　平素は日本能率協会マネジメントセンターの書籍をご利用いただき、ありがとうございます。

　弊社では、皆様からのお問い合わせへ適切に対応させていただくため、以下①～④のようにご案内いたしております。

---

①お問い合わせ前のご案内について

　現在刊行している書籍において、すでに判明している追加・訂正情報を、弊社の下記 Web サイトでご案内しておりますのでご確認ください。

https://www.jmam.co.jp/pub/additional/

②ご質問いただく方法について

　①をご覧いただきましても解決しなかった場合には、お手数ですが弊社 Web サイトの「お問い合わせフォーム」をご利用ください。ご利用の際はメールアドレスが必要となります。

https://www.jmam.co.jp/inquiry/form.php

　なお、インターネットをご利用ではない場合は、郵便にて下記の宛先までお問い合わせください。電話、FAX でのご質問はお受けいたしておりません。

〈住所〉　〒103-6009　東京都中央区日本橋 2-7-1　東京日本橋タワー 9F
〈宛先〉　㈱日本能率協会マネジメントセンター　ラーニングパブリッシング本部　出版部

③回答について

　回答は、ご質問いただいた方法によってご返事申し上げます。ご質問の内容によっては弊社での検証や、さらに外部へお問い合わせすることがございますので、その場合にはお時間をいただきます。

④ご質問の内容について

　おそれいりますが、本書の内容に無関係あるいは内容を超えた事柄、お尋ねの際に記述箇所を特定されないもの、読者固有の環境に起因する問題などのご質問にはお答えできません。資格・検定そのものや試験制度等に関する情報は、各運営団体へお問い合わせください。

　また、著者・出版社のいずれも、本書のご利用に対して何らかの保証をするものではなく、本書をお使いの結果について責任を負いかねます。予めご了承ください。

はじめに

　本書のテーマであるLinux Essentials認定試験の開始は2012年（日本での配信は2019年から）である。振り返ってみれば、2010年頃はクラウドサービスの利用が本格化してきて、Linuxの利用場面や利用方法が大きく変化しつつあった。Linux Essentials認定試験は、その変化に素早く対応してリリースされたものである。試験を主催するLinux Professional Institute（LPI）は、現役のLinuxエンジニアたちのコミュニティをベースとする組織であるがゆえに、利用者の大幅な増加と、利用者層の変化を素早く捉えることができたのであろう。内容（出題範囲）としては、Linuxの利用技術だけではなく、オープンソースソフトウェアの社会的な側面を取り込んでいることが特徴であり、エンジニアを目指す人たちだけではなく、セールス担当やマネージャーにとっても必須の知識となっている。

　本書は、Linuxを初めて学ぶ人向けに、Linuxを利用するうえで必要となる基本的な知識を解説する入門書である。解説内容として、Linux Essentials認定試験の出題範囲をカバーしながら、「なぜそうなっているのか」についてもできるだけ説明している。すぐに役立つとは限らないが、歴史や仕組みを知ることは、確実な応用力につながるからである。

　もう一つ、応用力をつけるために重要なことは、実際に手を動かしてLinuxに触ってみることである。Linux Essentials認定試験に出題される問題の多くは、現役のエンジニアが作成したものであり、実際の作業の中で気づいたことや迷ったこと、困ったことなどがベースとなっている。手を動かして実際にLinuxの操作を行っておけば、ほぼ確実に同じ気づきや疑問点に出会うだろう。そうしたときに、本書に戻って読み返してみたり、マニュアルやインターネットの情報を参照してみたりしてほしい。自分で調べて問題を解決したことは、確実な実力として蓄積されるものである。しっかりと手を動かして自分でいろいろと経験を積んで、自らたくさんの疑問点を見つけてもらいたい。

　本書が、読者のみなさんの合格の一助になることを願っている。

2020年2月

長原 宏治

CONTENTS

Linux Essentials 合格テキスト＆問題集　目次

第1編　Linuxとオープンソースの文化

第1章　Linuxとは

第2章　オープンソースの概念とライセンス

第3章　ディストリビューション

第4章　主要なオープンソースアプリケーション

第2編 コマンドライン操作

第3編　コンピュータ資源の利用

第4編 Linuxのセキュリティ機能

別冊 │ 演習問題の解答・解説

※本書に掲載するURL等は収録時点の情報であり、刊行後、リンク先が変更・消去される可能性もあります。

1 Linux Essentials 010試験の概要

1 Linux Essentials認定試験とは

本書で取り上げるLinux Essentials認定試験（試験コード010）とは、非営利団体であるLinux Professional Institute（LPI）が主催するLinuxエンジニア向けの技術認定試験の1つである。LPIが主催するLinux技術者認定試験のなかでは最も初歩的なものであり、次のような人を対象に、Linuxのオープンな文化と、基礎的な操作知識を問う内容となっている。

- Linuxを初めて使用するエンジニア
- 一般ユーザーとしてLinuxを使用する人
- Linux上でプログラム開発を行うプログラマ
- エンジニアを管理するマネージャ

Linux Essentials認定試験は、資格要件などはなく、誰でも受験することができる。試験時間は60分であり、選択問題と1ワードの記述問題があわせて40問出題される。認定に有効期間はなく、生涯有効な認定となる。

2 受験案内

Linux Essentials認定試験を受験するには、以下の手続きが必要となる。なお、日本での受験は、ピアソンVUEのテストセンターで行う。

①LPI IDを取得する

LPIのWebサイトから「LPI IDの登録」を選択して、IDを発行する（https://cs.lpi.org/caf/Xamman/register）。

②ピアソンVUEに登録する

ピアソンVUEのWebサイトから「LPI」を検索し、Linux Professional Institute認定試験のページに移動する（https://www.pearsonvue.co.jp/Clients/LPI.aspx）。

③ピアソンVUEのアカウントを取得する

「アカウントの作成」を選択して、ユーザー登録を行う。登録のときにLPI IDが必要となる。ピアソンVUEのサイトにログインすると以降の手順が案内される。流れとしては、次のとおりである。

1）受験バウチャーを購入
2）受験会場・受験日を指定して申込み
3）受験（終了後、すぐに結果が通知）

2 Linux Essentials 010試験の範囲

LPIのWebサイトからの情報であるが、試験範囲（Objective）を示しておく（https://www.lpi.org/ja/our-certifications/exam-010-objectives）。

なお、各項目のタイトル末尾にある「総重量」とは、出題範囲の重要度の意味であり、数字が大きくなるほど出題率が高くなる。

トピック1：Linuxコミュニティとオープンソースのキャリア

1.1 Linuxの進化と普及したオペレーティングシステム（総重量：2）

説明：Linuxの開発と主要なディストリビューションの知識。

主な知識分野：

- ディストリビューション
- 組込みシステム
- クラウドにおけるLinux

使用されるファイル、用語、およびユーティリティの例

- Debian、Ubuntu（LTS）
- CentOS、openSUSE、Red Hat、SUSE
- Linux Mint、Scientific Linux
- Raspberry Pi、Raspbian
- Android

1.2 主なオープンソースアプリケーション（総重量：2）

説明：主要アプリケーションの利用と開発に関する知識。

主な知識分野：

- デスクトップアプリケーション
- サーバーアプリケーション
- 開発言語
- パッケージ管理ツールとリポジトリ

使用されるファイル、用語、およびユーティリティの例

- OpenOffice.org、LibreOffice、Thunderbird、Firefox、GIMP
- Nextcloud、ownCloud
- Apache HTTPD、NGINX、MariaDB、MySQL、NFS、Samba
- C、Java、JavaScript、Perl、シェル、Python、PHP
- dpkg、apt-get、rpm、yum

トピック1：Linuxコミュニティとオープンソースのキャリア

1.3 オープンソースソフトウェアとライセンス（総重量：1）

説明： ビジネスのためのオープンコミュニティとオープンソースソフトウェアのライセンス。

主な知識分野：

- オープンソースの哲学
- オープンソースライセンス
- フリーソフトウェア財団（FSF）、オープンソースイニシアチブ（OSI）

使用されるファイル、用語、およびユーティリティの例

- コピーレフト、パーミッシブ
- GPL、BSD、クリエイティブ・コモンズ（CC）
- フリーソフトウェア、オープンソースソフトウェア、FOSS、FLOSS
- オープンソースビジネスモデル

1.4 ICTスキルとLinuxでの作業（総重量：2）

説明： 基本情報通信技術（ICT）のスキルとLinuxでの作業。

主な知識分野：

- デスクトップスキル
- コマンドラインへのアクセス
- 産業におけるLinux、クラウドコンピューティング、仮想化の利用

使用されるファイル、用語、およびユーティリティの例

- ブラウザを使用する際のプライバシーへの配慮、オプション設定、ウェブの検索、コンテンツの保存
- ターミナルとコンソール
- パスワードの問題
- プライバシーに関する問題とツール
- プレゼンテーションやプロジェクトにおける一般的なオープンソースアプリケーションの使用

トピック2：Linuxシステムであなたの方法を見つける

2.1 コマンドラインの基本（総重量：3）

説明： Linuxのコマンドラインを使用する際の基本。

主な知識分野：

- 基本的なシェル
- コマンドラインの構文
- 変数
- クオーティング

使用されるファイル、用語、およびユーティリティの例

- Bash
- echo
- history

トピック2：Linuxシステムであなたの方法を見つける

- PATH環境変数
- export
- type

2.2 コマンドラインを使ってヘルプを表示する（総重量：2）

説明：ヘルプコマンドの実行と各種ヘルプシステムのナビゲーション。

主な知識分野：

- マニュアルページ
- infoページ

使用されるファイル、用語、およびユーティリティの例

- man
- info
- /usr/share/doc/
- locate

2.3 ディレクトリの利用とファイルの一覧（総重量：2）

説明：ホームディレクトリとシステムディレクトリのナビゲーション、およびさまざまな場所にあるファイルの一覧表示。

主な知識分野：

- ファイル、ディレクトリ
- 隠しファイルとディレクトリ
- ホームディレクトリ
- 絶対パスと相対パス

使用されるファイル、用語、およびユーティリティの例

- lsコマンドとそのオプション
- 再帰的な表示
- cd
- 「.」と「..」
- ホームと「~」

2.4 ファイルの作成、移動、および削除（総重量：2）

説明：ホームディレクトリの下にあるファイルやディレクトリを作成、移動、削除する。

主な知識分野：

- ファイルとディレクトリ
- 大文字と小文字の区別
- 簡単なグロビング（globbing）

使用されるファイル、用語、およびユーティリティの例

- mv、cp、rm、touch
- mkdir、rmdir

トピック3：コマンドラインの力

3.1 コマンドライン上でファイルをアーカイブする（総重量：2)

説明：ユーザーのホームディレクトリにあるファイルのアーカイブ。

主な知識分野：

- ファイル、ディレクトリ
- アーカイブ、圧縮

使用されるファイル、用語、およびユーティリティの例

- tar
- tarの一般的なオプション
- gzip、bzip2、xz
- zip、unzip

3.2 ファイルからのデータの検索と抽出（総重量：3)

説明：ホームディレクトリ内のファイルからデータを検索して抽出。

主な知識分野：

- コマンドラインのパイプ
- I/Oリダイレクト
- . 、[]、*、?を使った正規表現の基本。

使用されるファイル、用語、およびユーティリティの例

- grep
- less
- cat、head、tail
- sort
- cut
- wc

3.3 コマンドをスクリプトにする（総重量：4)

説明：コマンドの繰り返しを単純なスクリプトにする。

主な知識分野：

- 基本的なシェルスクリプト
- 一般的なテキストエディタ（viとnano）の知識

使用されるファイル、用語、およびユーティリティの一例

- #!(シェバン：シェルのバング)
- /bin/bash
- 変数
- 引数
- forループ
- echo
- 終了ステータス

トピック4：Linux オペレーティングシステム

4.1　オペレーティングシステムの選択（総重量：1）

説明：主要なオペレーティングシステムとLinuxディストリビューションに関する知識。

主な知識分野：

- Windows、macOS、Linuxの違い
- ディストリビューションのライフサイクル管理

使用されるファイル、用語、およびユーティリティの例

- GUIとコマンドライン、デスクトップの構成
- メンテナンスサイクル、ベータ版および安定版

4.2　コンピュータハードウェアの理解（総重量：2）

説明：デスクトップコンピュータとサーバーコンピュータを構築するコンポーネントに精通していること。

主な知識分野：

- ハードウェア

使用されるファイル、用語、およびユーティリティの例

- マザーボード、プロセッサ、電源、光学ドライブ、周辺機器
- ハードドライブ、半導体ディスク、パーティションと/dev/sd*
- ドライバ

4.3　データの格納先（総重量：3）

説明：Linuxシステムにおいて、さまざまな種類の情報が格納されている位置。

主な知識分野：

- プログラムと構成
- プロセス
- メモリのアドレス方法
- システムメッセージ
- ロギング

使用されるファイル、用語、およびユーティリティの例

- ps、top、free
- syslog、dmesg
- /etc/、/var/log/
- /boot/、/proc/、/dev/、/sys/

4.4　ネットワーク上のコンピュータ（総重量：2）

説明：稼働中のネットワーク構成を照会し、ローカルエリアネットワーク（LAN）上のコンピュータの基本要件を決定する。

主な知識分野：

- インターネット、ネットワーク、ルータ
- DNSクライアント設定の照会
- ネットワーク構成の照会

トピック4：Linuxオペレーティングシステム

使用されるファイル、用語、およびユーティリティの例

- route、ip route show
- ifconfig、ip addr show
- netstat、ss
- /etc/resolv.conf、/etc/hosts
- IPv4、IPv6
- ping
- host

トピック5：セキュリティとファイルパーミッション

5.1 セキュリティの基本とユーザー種別（総重量：2）

説明：Linuxシステム上のさまざまなタイプのユーザー。

主な知識分野：

- ルートユーザーと標準ユーザー
- システムユーザー

使用されるファイル、用語、およびユーティリティの例

- /etc/passwd、/etc/shadow、/etc/group
- id、last、who、w
- sudo、su

5.2 ユーザーとグループの作成（総重量：2）

説明：Linuxシステムにおけるユーザーとグループの作成。

主な知識分野：

- ユーザーおよびグループのコマンド
- ユーザーID

使用されるファイル、用語、およびユーティリティの例

- /etc/passwd、/etc/shadow、/etc/group、/etc/skel/
- useradd、groupadd
- passwd

5.3 ファイルのパーミッションと所有権を管理する（総重量：2）

説明：ファイルのアクセス許可と所有権の設定の理解と操作。

主な知識分野：

- ファイルとディレクトリのアクセス許可と所有権

使用されるファイル、用語、およびユーティリティの例

- ls -l、ls -a
- chmod、chown

トピック5：セキュリティとファイルパーミッション

5.4 特別なディレクトリとファイル（総重量：1）

説明：Linuxシステム上の特別なパーミッションを持つディレクトリとファイル。

主な知識分野：

- 一時ファイルとディレクトリの使用
- シンボリックリンク

使用されるファイル、用語、およびユーティリティの例

- /tmp/、/var/tmp/とスティッキービット
- ls -d
- ln -s

なお、試験範囲と本書との対応を次ページの一覧に示す。

出題範囲のトピック	本書の解説位置・タイトル
▼3　コマンドラインの力	
▼3-1　コマンドライン上でファイルをアーカイブする	
・ファイル、ディレクトリ	2-3 ファイルとディレクトリの操作、2-5-1 Tarアーカイブの作成
・アーカイブ、圧縮	2-5 アーカイブの作成
▼3-2　ファイルからのデータの検索と抽出	
・コマンドラインのパイプ	2-4-3 パイプ
・I/Oリダイレクト	2-4-2 リダイレクト
・．、[]、*、?を使った正規表現の基本	2-4-4 行の抽出と正規表現
▼3-3　コマンドをスクリプトにする	
・基本的なシェルスクリプト	2-7 スクリプトの基本
・一般的なテキストエディタ（viとnano）の知識	2-6 テキストエディタの操作
▼4　Linuxオペレーティングシステム	
▼4-1　オペレーティングシステムの選択	
・Windows、macOS、Linuxの違い	1-1 Linuxとは
・ディストリビューションのライフサイクル管理	1-3-2 さまざまなディストリビューション
▼4-2　コンピュータハードウェアの理解	
・ハードウェア	3-1-1 コンピュータを構成するハードウェア
▼4-3　データの格納先	
・プログラムと構成	3-1-6 ファイルシステム階層標準（FHS）
・プロセス	3-1-2 プロセス
・メモリのアドレス方法	3-1-3 仮想メモリ、3-1-4 プロセスとメモリの状態
・システムメッセージ	4-1-3 ユーザーとシステムの活動状態
・ロギング	4-1-3 ユーザーとシステムの活動状態
▼4-4　ネットワーク上のコンピュータ	
・インターネット、ネットワーク、ルータ	3-2 ネットワークの利用
・DNSクライアント設定の照会	3-2-6 DNSの仕組みと設定
・ネットワーク構成の照会	3-2-5 ネットワーク設定の確認
▼5　セキュリティとファイルパーミッション	
▼5-1　セキュリティの基本とユーザー種別	
・ルートユーザーと標準ユーザー	4-1-1 ユーザーとグループの基本
・システムユーザー	4-1-1 ユーザーとグループの基本
▼5-2　ユーザーとグループの作成	
・ユーザーおよびグループのコマンド	4-1-2 ユーザーとグループの操作、4-1-3 ユーザーとシステムの活動状態
・ユーザーID	4-1-1 ユーザーとグループの基本
▼5-3　ファイルのパーミッションと所有権を管理する	
・ファイルとディレクトリのアクセス許可と所有権	4-2 ファイルとディレクトリのパーミッション
▼5-4　特別なディレクトリとファイル	
・一時ファイルとディレクトリの使用	4-2-3 特殊なパーミッション
・シンボリックリンク	2-3-8 リンクの操作

第 **1** 編

Linuxと
オープンソースの文化

Linux Essentials
PART 1

1-1 Linuxの歴史

現在、Linuxが使われている理由を知るために、歴史をひも解きながらLinuxの特徴を解説する。Linuxが人気の理由を知る早道として、歴史を探ってみよう。

1 Linuxの始まり

Linuxが初めて登場したのは、1991年、ヘルシンキ大学（フィンランド）でコンピュータ科学の学生であったLinus Benedict Torvalds（リーナス・ベネディクト・トーバルズ）が、自身が使用するためのOSとして作成したものを公開したことが始まりであった。まず、当時の模様を振り返ってみよう。

1990年代初頭は、Intel製の32ビットCPUを搭載したIBM-PC互換機が市場に出回り、日本でもDOS/V[1]機が市民権を得はじめた頃である。個人利用では、まだ、MS-DOSが主流であり、コンピュータの専門家や愛好者にとっては、**UNIX**（ユニックス）が稼働するワークステーションが憧れであった。当時のUNIXは、AT&Tベル研究所[2]の所有物であり、利用には高価なライセンス料が必要であった。

UNIXが大人気であったその頃に、アムステルダム自由大学のコンピュータ科学の教授Andrew Stuart Thanenbaum（アンドリュー・スチュアート・タンネンバウム）が、OSの教育用に作成したMINIX（ミニックス）が登場した。MINIXは、ソースコードが完全に公開され、UNIXと互換性のあるOSであったが、教育用途を重視するThanenbaumなどの意向により、機能の追加などは認められなかった。

このような状況下、学生であったTorvaldsは、自身で使うための実用的なOSを開発することを決意した。TorvaldsのOSは彼の名前を取ってLinuxと呼ばれるようになり、1994年には、Linuxのバージョン1.0が公開されて、急速な発展が始まった。

このような経緯から生まれたLinuxは、UNIXからさまざまなものを受け継いでいる。たとえば、LinuxのコマンドはほとんどがUNIXと同じであり、ファイルに対するアクセス権（パーミッション）の設定方法も同じである。細部のさまざまな違いもあるが、Linuxの使い方を学ぶと、同じ「*NIX」[3]系のOSはおおむね使えるようになると考えてよい。

1) 世界標準仕様となったIBM PC互換機に、ソフトウェアのみで日本語（漢字を含む）を表示できるようになったMS-DOS。

2) 電話の発明者グラハム・ベルが設立した研究所。現在はNokiaの子会社である。

3) UNIX系のOS文化では、文字「*」は「任意の文字」を表すことになっている。

2　コマンドラインの始まり

　UNIXの最初のバージョンが登場したのは、1971年であるが、研究機関を中心として広く使われるようになったのは、1980年前後[4]である。当然、システムの機能や規模は、当時のハードウェアに基づいて考案されて実装されたものである。当時はマウスなどを使うGUI（Graphical User Interface）環境もなく、画面上に画像を表示することも困難な時代であった。文字さえも英数字で80字25行程度しか表示できなかった。このため、命令文をコマンドとして入力することであらゆる操作を行うCLI（Command Line Interface）が考え出された。詳しくは、第2編1-1で説明する。

　その後、UNIXも発展を続け、Windows 3.0が登場する1990年頃には、すでにGUI環境を実現していた。ただし、その頃には、コマンドで操作するツールが多数そろえられ、ユーザーもコマンド操作に慣れていたため、それらが使われ続けている。「Linuxの操作はコマンドラインが基本」であることが、現在の他のパソコン用OSとの一番大きな違いである。

3　インターネットとクラウドの時代

　世界最初のWebが公開されたのは、1990年である。すでにTCP/IPネットワークのためのプラットフォームとして強固な立場を確立していたUNIXと、急速に発展を遂げたLinuxは、サーバーとしてインターネットの発展を支えることになった。W3Techs[5]の2019年の統計によれば、Webサーバーの71%がLinuxで運用されている。

　インターネットサーバーは、ネットワークサービスの提供に特化したマシンであり、多くの場合、専門のホスティング業者が運営するデータセンターに置かれる。遠隔地からサーバーを操作するには、GUIよりもCLIのほうが非常に手軽である。

　さらに、クラウド時代を迎えると、CLIで十分とする場面が一層増えてきた。クラウド環境では、1台の強力なサーバーを利用するのではなく、小さなサーバーを何台も用意して必要に応じて台数を増やす方法が主流になった。個々のマシンは、できるだけ小さいことが求められるため、資源を大量に消費するGUIはむしろ不便と考えられるようになったのである。OS自体のサイズが小さく、必要に応じた台数が無料で利用できるLinuxによる運用が大幅に増大した。必然的に、コマンドラインを使いこなせる技術者が、強く求められるようになったのである。

[4] TCP/IPを実装したBSD 4.1がリリースされたのが1981年である。BSDは、Berkley Software Distributionの略で、カリフォルニア大学バークレー校が配布したソフトウェア群を指す。

[5] Q-Successが運営する統計情報サイト。
https://w3techs.com/

第**1**編　Linuxとオープンソースの文化

1-2 Linuxの利用場面

Linuxの利用場面は、インターネットサーバーに限らない。適用範囲の広さでは他のOSでは及ばない柔軟性が、Linuxの特徴の一つである。

1 デスクトップの利用

コマンドラインによる操作がLinuxの基本であるが、デスクトップでの利用に不自由があるわけではない。詳しくは4-1で説明するが、ブラウザやメールソフト、メモ帳、オフィススイート、グラフィックツール、メディアプレイヤーといった、十分な種類のアプリケーションがそろっている。標準装備されている機能でいえば、WindowsやmacOSよりも多いほどである。また、フルセットのWebブラウザであるFirefoxやChromiumが動作することから、いわゆるWebアプリケーションの利用においては、商用OSを使うパソコンにまったく見劣りしないといえる。

とはいえ、Linuxデスクトップに弱点がないわけではない。フォントの種類が少ないことなどから、Microsoft Officeなどの既存のアプリケーションで作成されたデータを開くと、レイアウトが崩れてしまう問題に出会うことは少なくない。また、何らかの問題に直面したときに、気軽に聞ける人が周囲に見つからないことも、弱点の一つである。

しかし、性能が限られたローコストなマシンでも、広い画面としっかりとしたキーボードが使えることは強みである。このため、弱点が問題となりにくい分野、たとえば、教育用パソコンなどでの活用が進んでいる。

2 組み込み用途

家庭やオフィスに置かれている家電品や自動車、医療機器などには、CPUプロセッサが組み込まれているものが増えている。組み込み機器への搭載も、Linuxの極めて重要な適用分野である。たとえば、Android携帯電話やタブレットは、Linuxをベースとしている。また、スマートTVやセットトップボックス[1]、カーナビゲーションなども、Linuxが使われていることが多い。Linuxには、次のような組み込み用途に適した特徴をもつためである。

- ローコストで低消費電力で動作するプロセッサに対応する
- 豊富な通信プロトコル（TCP/IP、Wifi、Blueetoothなど）のサポー

1) Set top box。CATVや衛星放送チューナーなど、TV画像を受信するための装置。昔の箱型TVの上に置かれたことからの呼び名。

トが充実している

- 開発環境と詳細なデバッグ機能が充実している
- さまざまな組み込み用オプション（読み出し専用ファイルシステム、リアルタイム応答など）がある

3　Raspberry Pi

前々項・前項のいずれの用途にも使用できるものが、Raspberry Pi（ラズベリーパイ）である。たばこ1箱分[2]くらいの小型のボード上にUSBポート、Ethernet、HDMI出力、GPIOと呼ばれる汎用入出力端子を備えた教育用ボード型コンピュータである。「ラズパイ」と呼ばれ、メディアやWeb記事に取り上げられることも多い（**図1.1.1**）。

Raspberry Piは、英国のRaspberry Pi Foundation（ラズベリーパイ財団）が、教育用に開発した製品である。ワンチップ化されたARMプロセッサと256M〜4GBのメモリを搭載しており、microSDカードをストレージとして使用する。OSがインストールされたmicroSDカードを差し込んで、電源アダプタ（USBタイプ）、USBキーボードとマウスを用意し、テレビと接続すればパソコンとして使える。Raspbian（ラズビアン）というDebianベース（3-2参照）のLinuxが提供されており、フルセットのLinuxを実行できる。あらかじめ、財団が推奨する教育用のアプリケーションがインストールされているのが特徴である。

Raspberry Piの特徴は、GPIO（General-Purpose Input/Output）端子が備えられていることである。非常にシンプルなデジタル信号線だが、自分が作成したデジタル回路を接続して、プログラムで制御することができる。たとえば、センサーをつないでデータを収集したり、LEDをつないで明滅させたり、さらに複雑な回路を接続したりすることができる。デジタル回路の学習に有用なだけではなく、実用的な制御用ボードとしての利用も広がっている。

いくつかのモデルが販売されているが、最も高性能なものでも6,000円程度で入手できる（2020年1月調査）。

2）レギュラーサイズのたばこの箱は、縦88mm×横55mm×奥行23mm。

図1.1.1　Raspberry Pi

第1編

Linuxとオープンソースの文化

1-3 実習環境の準備

　本節では、実際にLinuxマシンに触れるための準備と基礎知識を学習する。なお、Linuxのインストールは、Linux Essentials試験の対象外のため、本書では取り上げない。

1　実習環境の準備

　Linux Essentials試験は、システム管理者を対象とした知識を問うものではないため、マシンのセットアップは対象外である。ただし、しっかりと学習するためには「触ってみる」ことが極めて重要であるため、何らかの実行環境を手元に用意すべきである。学校または企業では、インストール済みの実習用環境の用意があると思われるため、講師や管理者の指示に従って使用するとよい。

　もしも、自分のパソコンにLinuxの環境構築を行うのであれば、インターネット上の情報を利用して、以下のいずれかの方法をとるとよいだろう[1]。利用方法は、パソコン環境によって次の2つに分けられる。

①Windows 10 Pro / Enterpriseの場合

　Windows 10 Pro以上に組み込まれているHyper-Vというハイパーバイザ[2]を使用して、Linuxをインストールすることができる。「Hyper-V」「Linux」「インストール」をキーワードとして情報検索するとよい。

②上記①以外の場合

　Hyper-Vが利用できないため、仮想環境を構築するために、別途ハイパーバイザをインストールする必要がある。無料で利用できるものに、「Oracle VM VirtualBox」がある。「VirtualBox」「Linux」をキーワードとして情報検索するとよい。

　あるいは、AWS（Amazon Web Service）などのクラウドサービスを使用して、小さなLinux仮想マシンを作成して学習に利用する方法もある。ただし、ssh公開鍵を使ってクラウド上のマシンにアクセスする方法を習得している必要がある。

1）この2種類のほかに、Windows 10 には WSL（Windows Subsystem for Linux）というサービスが用意されており、Linuxアプリケーションを実行することができる。ただし、実際のLinux環境ではないため学習環境としては不適当である（2020年1月現在）。

2）仮想化技術の一つ。ハードウェアの動作をシミュレートすることで、仮想マシン（Virtual Machine）を実行するソフトウェア。

2　コマンドラインへのアクセス

　現在の主要なLinuxパッケージ[3]を標準インストールすると、ほとんどの場合、GUI環境が起動する。本書およびLinux Essentials試験では、LinuxのGUI環境は対象外であるが、コマンドラインへのアクセス方法を説明しておく。

　Linuxのデスクトップ環境にはいくつか種類があり、さらに、同じデスクトップ環境を使っていても、設定によって見た目や操作感（look & feel）を変更することができる。このため、ディストリビューションによって、見た目の印象がかなり異なる。

　デスクトップ環境[4]としては、GNOME（グノーム）とKDEが代表的であり、ほとんどのディストリビューションでGNOMEがデフォルトのデスクトップとして採用されている。**図1.1.2**に、GNOMEデスクトップの画面例を示す。

3) Linuxでは「ディストリビューション」と呼ぶ。第3章で解説している。

4) 4-1参照。

第1編　Linuxとオープンソースの文化

図1.1.2　GNOMEデスクトップ

　デスクトップ環境からコマンドラインにアクセスするには、**端末**または**ターミナル**と呼ばれる種類のアプリケーションを使用する。**図1.1.2**の例では、メニューに「端末」と表示されているが、メニューをクリックして起動するアプリケーションは、「gnome-terminal」という名前のコマンドである。KDEのデスクトップ環境からコマンドラインにアクセスするアプリケーションは、「Konsole」というものである。

1-4 スペシャリストとしてのICTスキル

本節では、Linuxとは直接関係はないが、全世界で通用する基本的なICTスキルを説明する。Linuxは、世界中にメンバーが散在するコミュニティが支える技術であり、世界で通用する常識を身につけておく必要がある。

1 パスワードの決め方・覚え方

パスワードとは、「本人しか知らない知識」を使って、ユーザー個人を特定するためのものである。ユーザーを特定する方法については、世界中でさまざまな議論があり、政府によるガイドラインなども出ている。大筋としては、①パスワードは不便であり、安全ではないため別の方法を考えるべき、②1つだけでは危険なため、複数の要素を組み合わせるべきというものである。しかし、ただちに切り替えられるものではないため、現状では、パスワードの使用を続けることになる。

人間の記憶力では、「安全なパスワード」を「サイトごとに異なる」ように利用することは不可能である。このため、パスワードを簡単かつ安全に管理するツールである「パスワードマネージャー」の積極的な利用を考えるべきである。いくつもの商用製品が発売されているが、オープンソースのソリューションとしてKeePassXC[1] が広く使われている。Windows版やmacOS版も提供されているため、まだパスワードマネージャーを使っていない人は、調べてみるとよいだろう。

1) ほとんどのLinuxで簡単にインストールして使用することができる。

2 プライバシーの守り方

日本は、治安がよいためか、プライバシーをガードする必要性を感じている人が比較的少ないが、極めて重要な課題である。特に、ブラウザからのプライバシー流出について、どのような問題と対策があるのかを理解しておくことが重要である。極めて急速に状況が変化していくものもあるが、次に、いくつかのキーワードを示す。

①クッキートラッキング

サイトの閲覧履歴や「いいね！」ボタンを押したアクションなどが、まったく関係ないサイトに伝達される問題である。特に、広告ネットワークによるサードパーティークッキーを使ったトラッキングが社会問題になりつつある。ブラウザには、「サードパーティークッキーを破棄する」オプションがあるが、ONにするとサイトの動作に影響があるケースが多数あり、プライバシー漏洩対策としての実効性

が伴っていない。

②DNT（Do Not Track）

ブラウザ側から「追跡拒否」を意味する情報を送信する。しかし、サイト側の対応はまちまちであり、実効性が伴っていない。

③プライベートブラウジング

ブラウザによって「シークレットウインドウ」「プライベートウインドウ」とも呼ぶが、手元のパソコンに閲覧履歴やクッキーを一切保存しない機能である。公共のパソコンや、職場や学校の共用パソコンなどを利用する場合には必須である。

3 暗号によるセキュリティ

インターネット上のデータは、伝送の経路上で常に誰かに覗き見される可能性がある。通信路を暗号化して覗き見を防ぐとともに、正当な相手にのみ情報が届くようにガードする必要がある。

通信路をガードするために利用されるのが、**TLS**（Transport Layer Security）と呼ばれる技術である。公開鍵基盤と訳される**PKI**（Public Key Infrastructure）を利用した暗号通信方法であり、以前は、SSLと呼ばれていた技術の発展系である。日本でもかなり広がってきているが、Webサイト全体のサービスを、HTTPではなくHTTPSで行うことが当然になってきている。背景には、Let's Encryptなど無料の証明書発行サービスが登場したことで、かなり高価だった「証明書のコスト」が大きく下がったことがある。

メールでファイルを添付する場合に、暗号化を行うことも多い。日本では、数文字のパスワードを付けたZipファイルを送り、パスワードを次のメールで送る方法がよく使用されているが、セキュリティ対策としては役に立たない。十分な長さのパスワードを付けて、パスワードはメール以外の経路（電話、SMSなど）で送信するべきである。よりセキュアな方法としては、TLSと同様に、公開鍵基盤を使用し、宛先に指定した人にしか復号できない暗号化を行うGnuPG（Gnu Privacy Guard）を使用する。お互いに自分の鍵ペアを作成して、公開鍵をキーサーバーに登録しておけば、パスワードを交換する必要もない。安全な暗号化を行うには、GnuPGのように論理的に裏付けられた暗号を使用し、ソースコードが公開されていて多くの人により検証されているツールを使うことが必要である。

4 プログラミング言語

主要なプログラミング言語の名前と特徴は理解しておこう。Linux Essentials試験で問われるのはシェルに関する知識だけであるが、エ

ンジニアたちとのやり取りの際、文脈を理解するために役に立つ。

①コンパイル（compile）処理による言語

コンパイルという処理を経て、ソースコードをCPUが理解しやすい形のバイナリファイルに一括で変換する。コンパイル処理を行うプログラムを「コンパイラ」と呼ぶ。

1）C言語

C言語は、歴史ある汎用のプログラミング言語である。1972年に最初のバージョンが開発されて以来、複数回の仕様改定を経て現在も使い続けられている。ソースコードをコンパイルすると、CPUが直接理解できる「機械語」を生成するため、実行が非常に早い。Linuxカーネルも、C言語で記述されている。C++やObjective Cといった、C言語を改良した言語もある。

2）Java（ジャバ）

Javaは、1995年にSun Microsystemsによって開発されたオブジェクト指向の言語である。オブジェクト指向という手法により、コードの再利用が容易であり、大規模なソフトウェアを作成しやすいという特徴がある。また、「機械語」ではなく、CPUアーキテクチャに依存しない「バイトコード」にコンパイルするため、コンパイルした実行ファイルは、OSが異なるマシンでも動作する。

②インタープリタ（interpriter）処理による言語

人間が書いたソースコードを、実行時にインタープリタ（翻訳者の意）というソフトウェアで直接解釈しながら実行していく方法である。コンピュータが高速になったため、現在はコンパイル処理の言語よりも、インタープリタ処理の言語のほうが人気である。インタープリタ処理の言語の場合、「ソースコード」ではなく「スクリプト」と呼ぶこともある。

1）JavaScript（ジャバスクリプト）

Webページ内に埋め込まれて、主にブラウザ内で実行されるプログラムを作成するために使用されるオブジェクト指向の言語である。名前に「Java」が入っているが、①で述べたJavaとはまったく関係がない。ブラウザ内で実行されるという特徴のため、Webアプリケーション作成に多用される。現在では、ブラウザ内だけでなく、サーバー側で動作するプログラムや、モバイルデバイスで動作するプログラムの作成にも使用されている。

2）Perl（パール）

Perl は、1987年に最初のバージョンが開発された歴史ある言語である。正規表現[2]という機能により、文字列を処理するスクリプトが書きやすい。歴史的なLinuxコマンドには、Perlで書かれたものもある。

2）第2編4-4参照。

3) シェル

　シェルとは、ユーザーとシステムのやりとりを担うプログラムであり、一連のコマンドをスクリプトとして実行することができる。Linuxコマンドには、シェルスクリプトとして作成されたものがかなり多数含まれている（第2編第7章参照）。

4) PHP（ピーエイチピー）

　PHPは、HTTPサーバーで動的なWebページを生成する機能に優れた汎用のプログラミング言語である。Webアプリケーションは、PHPを使って記述されるものが多く、LAMP（4-2参照）の「P」の1つである。

5) Python（パイソン）

　Pythonは、シンプルで読みやすい構造と、オブジェクト指向により再利用が容易なライブラリが充実していることなどから、現在、最も人気のあるプログラミング言語である。汎用の言語であり、Webアプリケーションや対話型のプログラムの作成、AI関連のプログラム作成にも使用される。

2-1 ソフトウェアのライセンスとGNUプロジェクト

Linuxは誰もが無料で自由に利用できるソフトウェアであり、根拠となるのがライセンスである。その概念と役割、歴史を理解して、正しく利用しよう。

1　ソフトウェアとライセンス

まず、ソフトウェアでのライセンス（license[1]）の意味を整理しておこう。前提となるのが、ソフトウェアは著作物であり、著作者がそのソフトウェアを利用する人に対して、ソフトウェアを利用する権利を与えるという考え方[2]である。利用者は、著作者の認める条件に同意して、その条件を満たしている場合にのみ、ソフトウェアを実行する許諾、つまり、ライセンスを得てソフトウェアを実行することができる。たとえば、一般的な商用パッケージソフトウェアの場合であれば、条件を示す契約書（ソフトウェア利用許諾契約書[3]）を交わし、対価を支払うことでライセンスを得てソフトウェアを利用するという運用が行われている。

著作者がソフトウェアの利用者にライセンスを与えるという考え方は、商用ソフトウェアの無断利用を防ぐために生まれたものである。その本質的な目的は、利用者の利用を制限して、著作権者の意図とは異なる利用を防ぐことであり、利用者は作者の意思を尊重しなくてはならない。この考え方は、広く受け入れられている。

2　GNUプロジェクト

UNIXは学術利用を中心として発展・普及した。このため、ソースコードが公開されていて誰もが無料で利用できるソフトウェアが多数流通しており、それがUNIX文化の一つになっていた。しかし、UNIXのオリジナルの開発者（つまり著作権者）は、AT&Tベル研究所である（1-1参照）。学術目的であれば、廉価なライセンス料で使用権とソースコードが配布されており、BSD UNIXの開発につながった。しかし、UNIXは、商業利用ではかなり高額なライセンス料が必要であり、高価で不自由なソフトウェアであった。

後にフリーソフトウェア財団（FSF；Free Software Foundation）を創設することになるRichard Matthew Stallman（リチャード・マシュー・ストールマン）は、完全にフリーなUNIX互換OSを目指して、GNU[4]（グヌー）プロジェクトを開始した。GNUプロジェクトで

1) 英単語としての意味は、承諾（する）、認可（する）など。名詞および動詞としての意味がある。

2) 法的にどのように扱われるかは各国で異なり、さまざまな議論がある。

3) EULA（End-User License Agreement）。

4) 公式サイトで、GNU's Not Unix（「GNUはUnixではない」の意）の再帰的頭字語（正式名称の中に略名が含まれている単語）と述べられている。

開発されたのが、「GNUソフトウェアコレクション」と呼ばれるUNIXの基盤を成す一群のソフトウェアである。以下に、一部を示す。

- GNUコンパイラコレクション（GCC）
- GNU Cライブラリ（glib）
- GNU Core Utility
- GNUデバッガ
- GNU bash
- GNOME（GNU Network Object Model Environment）

GNUソフトウェアコレクションは、「Linuxを作る」過程でも使用され、現在もLinuxの中核となっている。

3　GNUのライセンスとLinux

GNUプロジェクトの成果は、ソフトウェアだけではない。次節に説明するように、フリーソフトウェアの要件を明確に定義して、自らが作成したソフトウェアのライセンスとしてまとめたのである。そのライセンスを、GNU一般公衆利用許諾契約書（GNU General Public License；GPL）と呼ぶ（2-2参照）。

GNUプロジェクトによるOSカーネルであるGNU Hurdは未完成であり、GNUのソフトウェアだけでは、プロジェクトの目標である完全にフリーなOSは実現できない状態が長く続いていた。Linuxが登場し、ライセンスとしてGPLを採用したため、GNUソフトウェアコレクションと組み合わせることで、「完全にフリーな」UNIX互換OS[5]が実現されることになったのである。

5）Linuxのバージョン1.0公開は1994年であるが（1-1参照）、1993年にはNetBSDおよびFreeBSDの公式リリースも行われていた。

2-2 フリーソフトウェアとGPL

Linuxが採用したGPLは、完全にフリーなソフトウェアのためのライセンスである。ここでいう「フリー」とは、無料のことではなく「**自由**」という意味である。

1 4つの自由

FSFのRichard Stallmanの言葉に、「『自由ソフトウェア』は自由の問題であり、値段の問題ではありません。この考え方を理解するには、『ビール飲み放題（free beer）』ではなく『言論の自由（free speech）』を考えてください」出典：GNUオペレーティング・システム（https://www.gnu.org/philosophy/free-sw.en.html）がある。Stallmanは、ソフトウェアにおける4つの自由という考え方を発表した。

「フリーソフトウェア」という場合、FSFが定義する0番[1] から始まる4つの「自由」すべてを満たすものを指す。Free Softwareという表現では、「無料」と誤解されることがあるため、Free/Libre[2] Softwareという呼び方を使用する人も多い。4つの自由の内容は、次のとおりである。

- どのような目的に対しても、プログラムを望みどおりに実行する自由
- プログラムがどのように動作しているか研究し、必要に応じて改造する自由（ソースコードを見て、分析することができることを意味している）
- 他の人を助けられるよう、コピーを再配布する自由
- 改変した版を他に配布する自由

4つの自由の定義では、有償であるか無償かであるかは関係なく、有償で販売するか無料で配布するかも「自由」である。

1) 0番は後に追加されたものであるため、このような採番になっている。

2) ラテン語で「自由」を意味する。

2 コピーレフト（Copyleft）

FSFは、4つの自由が改版物においても維持されることが必要であるとの考えから、自らのソフトウェア成果物のライセンスである**GPL**に、4つの自由とともに、「改版物（二次的著作物）にも同一のライセンスを適用する」ことを義務づける条文を入れている。このライセンスの考え方を**コピーレフト**（Copyleft）と呼ぶ。

コピーレフトの考え方は、さまざまな議論を引き起こし、現在も議論が続いている。しかし、**FLOSS**（Free/Libre Open Source Software）

という文化につながる基盤といえる。

　Linuxにおいて極めて重要なコンポーネントである「GNUソフトウェアコレクション」および「Linuxカーネル」がGPLで配布されているため、根幹となるコピーレフトの概念を正しく理解しておくことは、Linuxユーザーにとって必須である。

3　GPLのバージョン

　現在、有効なGPLには、バージョン2（1991年）とバージョン3（2007年）が存在する。GPLv2からGPLv3への主な変更点は、①デジタル著作権管理と訳されるDRM（Digital Rights Management）およびソフトウェア特許への対策、②ASP（Application Service Provider）[3]ではソフトウェアが配布されないため、GPLv2による権利保護が機能しない問題への対応、③国際化と定義の明確化である。

　Linux本体（カーネル）は、GPLv2を採用しているが、GNUソフトウェアコレクションは、GPLv3を採用している。本書の付録に、GNU一般公衆利用許諾契約書（バージョン2）の参考日本語訳[4]を掲載している。Linuxユーザーは、本来、必ず目を通しておくべき文書である。さらに、LinuxエンジニアおよびLinuxを使用する製品開発を行う企業の法務担当者は、GPLv3[5]も理解する必要がある。

　なお、Linuxカーネル開発者達はGPLv3への移行を行わず、GPLv2を使い続けることを表明している。その理由として、膨大なカーネル開発者達すべてからライセンス変更の同意を得ることが難しいという現実的な問題があげられている。

3）サーバー上で動作するアプリケーションを、ユーザーに使用させる形態のサービスを提供するもの。

4）八田真行氏が行った日本語訳（2002年8月28日）。https://licenses.opensource.jp/GPL-2.0/gpl/gpl.ja.html

5）八田真行氏が行った日本語訳（2018年8月21日）。https://licenses.opensource.jp/GPL-3.0/GPL-3.0.html

2-3 オープンソースの定義

　FLOSSという用語に象徴されるように、フリーソフトウェアとオープンソースは同じように捉えられることが多い。しかし、さまざまなライセンスの違いを理解するためには、それぞれの呼び方に込められた立場の違いを理解しておくことが必要である。

1　オープンソースの定義

　FSFがフリーソフトウェアの概念を発表した当時、ソフトウェアビジネスを展開していた人々の多くは、メディアを箱詰めしたパッケージソフトウェア[1]の販売を収益としており、フリーソフトウェアの考え方に反発していた。コピーレフトの考え方が共産主義的だと捉えられ、警戒する風潮もあった。一方で、ソースコードを公開して広く技術者の参加を募集することが、有益だと考える人たちもいた。しかし、無料と誤解されかねない「フリー」ソフトウェアという呼び方は受け入れられなかった。

　1998年、現在のOpen Source Summitの前身となるイベントが開かれ、集結した多くのプロジェクトリーダーたちによって、Open sourceという名称が決定された。そして、Open Source Initiative（OSI）という、オープンソースを推進することを目的とする団体が設立された。

　OSIは、翌1999年には、「オープンソースの定義」を発表した。本書の付録に掲載しているため、GNU一般公衆利用許諾契約書と同様に、ぜひ目を通してほしい。GNUとOSIを読み比べてみると、「FSFのいう4つの自由」と「OSIのいうオープンソースの定義」は非常に似た考え方であることがわかる。同じような考え方であっても、ソフトウェアの利用者が自由であることを重視するFSFと、共同して開発にあたることを重視するOSIの立場の違いにより、2つの団体として活動しているといえるが、対立しているわけではない。フリーあるいはオープンなソフトウェアの有用性・優位性が社会的に認識され、多くのプレイヤーたちがマーケットに集まるようになった結果である。

　そして、フリーソフトウェアとオープンソースを包括する言葉として**FOSS**（Free/Open Source Software）という表現が生まれ、さらに、「フリー」の誤解を避けるためにLibreを加えた**FLOSS**（Free/Libre and Open Source Software）という表現が生まれたのである。

1）従来型のライセンスによるソフトウェアのことを、フリーソフトウェアの対義語として、プロプライエタリソフトウェア（proprietary software）という。

2　ライセンスの増加

　FLOSSに関わる人の数は爆発的に増え、多くの開発プロジェクトが現れ、何種類ものライセンスが生まれた。ライセンスの氾濫を抑えるために、現在では、新しいランセンスを作るのではなく、既存のライセンスのなかから選択することが推奨されている。

　何種類ものライセンスがあることは、「ライセンスの互換性」の問題も引き起こしている。複数のFLOSSを組み合わせて新しい成果物をつくろうとする場合、それぞれのライセンスに矛盾する条項があり同時に満たすことができないときは、成果物を配布することができなくなる。なお、FSFでは、GPLと両立できないライセンスの一覧を掲示している。

　さまざまな議論があるが、FLOSSのライセンスは、現在、大きく2種類に分類されると考えてよい。一方は、コピーレフトの考えに基づき、派生物に対して同じライセンスの適用を求めるものである。もう一方は、次項に紹介するパーミッシブ（permissive；寛容な・寛大な）ライセンスである。

3　パーミッシブライセンス

　OSIの定義によると、パーミッシブライセンスとは、コピーレフトではない、オープンソースの定義を満たすライセンスのことである。派生物に対して同じライセンスの適用を求めないだけではなく、ソースコードの公開や、無料での配布も求めない。つまり、派生物をオープンソースにする必要さえもないのである。

2-4 さまざまなライセンス

商業目的でFLOSSを利用しようとする場合、コンプライアンスの観点から、ライセンスの遵守が必須である。本節では、代表的なライセンスを説明する。実際に利用する際は、オリジナルのライセンス条項に目を通すことが必要である。

1 コピーレフトライセンスの種類

コピーレフトライセンスの種類は、あまり多くはない。GPLv2およびv3が厳密に作られているため、別のライセンスを作る積極的な理由が少ないためである。よくあるケースについては、以下に示す別バージョンのライセンスが用意されている。特に、①のLGPLが重要である。

①LGPL（GNU Lesser General Public Licence）

LGPLを採用するライブラリ[1]を、コピーレフトではないライセンス（プロプライエタリを含む）を採用するソフトウェアと組み合わせて使用するために、GPLの一部の条件を緩和したライセンスである。LGPLを採用するライブラリを組み込んだソフトウェア製品などを、GPLとは異なるライセンスで提供することも可能である。

1) ソフトウェアの「部品」に相当するプログラムコード。

②AGPL（GNU Affero General Public License）

ASPでは利用者の手元にソフトウェアが配布されないため、GPLによる利用者の権利が保護できないという「抜け穴」があった。AGPLは、抜け穴をふさぐために、GPLに対策条文を追加したライセンスである。Webアプリケーションのソースコードを、利用者の求めに応じて開示する義務がある。一部のCRM[2]やERP[3]ソフトウェア、データベース管理システム（Database Management System；DBMS）であるMariaDBなどがこのライセンスを採用している。

2) Customer Relationship Managementの略。顧客関係管理と訳される。

3) Enteprise Resource Planningの略。企業資源計画と訳される。

コピーレフトに基づくライセンスを使用しているソフトウェアを利用する場合、最も重要なことは、独自に行った改造などに対するソースコードを公開する義務が発生することである。世界中で違反に関する訴訟が発生しており、訴訟にならなくても、ユーザーコミュニティからの強い反発を受けることが予想される。利用の前に、ライセンス内容をよく調査・検討することが重要である。

2 パーミッシブライセンスの種類

パーミッシブライセンスは、簡素なものが多いが、種類も多い。それぞれに異なる条件が付いていることも多いため、利用の前に、よく調査・検討することが必要である。

①BSDライセンス

パーミッシブライセンスの代表格は、BSDライセンスである。BSDライセンスは、複数回変更されており、新しいものほど条項が少なくなり、条件が緩和されている。初期の「4条項ライセンス」（旧BSDライセンス）は、派生ソフトウェアの広告などに、「カリフォルニア大学パークレー校」といった原著作者名を表記することを求めているため、「オープンソースの定義」を満たさず、現在は使われない。現在の2条項ライセンスは、免責条項[4]と著作権表示にかかわる以下の2点のみから成る。

- ソースコードの再配布時に、著作権表示を保持すること
- バイナリ形式での再配布時に、少なくともドキュメント類に著作権表示を行うこと

やや古い「3条項ライセンス」（修正BSDライセンス）は、2条項ライセンスに加えて、「書面上の許可なく開発者の名称を派生物の推奨や販売促進に使用しない」という項目が残されている。

②MITライセンス

マサーチューセッツ工科大学（Massachusetts Institute of Technology）を起源とするもので、X11ライセンスと呼ばれることもある。名前のとおり、X Window System[5]のライセンスであるが、多くのFLOSSプロジェクトで採用されている。内容としては、次の事項のみ記載されたシンプルなものである。

- ソフトウェアに保証がなく、著作者は一切の義務も責任も負わない
- ソフトウェアを無償かつ無制限に扱ってよい
- コピーにはライセンスを記載する必要がある

③Apacheライセンス

Apacheソフトウェア財団[6]（Apache Software Foundation）によるライセンスで、同財団が支援しているすべてのプロジェクトにおいてこのライセンスが使用されている。現在のバージョンは2.0である。再配布にあたっては、ドキュメント等に著作者に帰属するものであることを示す必要がある。また、改変にあたっては、変更点を明示する必要がある。コントリビューション[7]や特許権に関する条項があり、コミュニティで開発するプロジェクトなどで使いやすい。

4) ソフトウェアが無保証であり、著作権者はいかなる責任も負わないことを意味する。

5) UNIX/Linuxなどでグラフィックスデバイスを制御するために使用される一連のソフトウェア群。

6) Webサーバー（Apache HTTP server）の開発のために創設された。現在は、多数のオープンソースソフトウェア開発プロジェクトを抱える大きなコミュニティとなっている。

7) 改造内容などを著作権者（多くの場合は開発プロジェクト）に還元すること。

3　クリエイティブコモンズ（Creative Commons）

　ソフトウェアでのFLOSSの成功は、オープンソースの考え方を非技術分野にも適用しようという考え方につながった。ソフトウェアと同じく、著作権によって保護される文章・絵画（イラスト）・音楽・映像などの自由な利用を促進するために、著作者が選択できるライセンス群を整備するクリエイティブコモンズ（CC：Creative Commons）プロジェクトが開始された。日本での活動[8]も、2003年から開始されている。

　クリエイティブコモンズでは、作者（著作権者）が「二次利用の際に求める条件」を4種類に分類し、4種の組み合わせでライセンスを選択する。

①**表示（BY）**

　作者のクレジットを表示すること

②**非営利（NC；Noncommercial）**

　営利目的の利用をしないこと

③**改変禁止（ND；No Derivative works）**

　元の作品を改変しないこと

④**継承（SA；ShareAlike）**

　元の作品と同じライセンスで公開すること

　上記①〜④の組み合わせで選択できるライセンスは次の6種類になり、作者は、自分の作品をどのように流通させたいかを考えてライセンスを選択する。

- **表示（CC BY）**
- **表示-継承（CC BY-SA）**
- **表示-改変禁止（CC BY-ND）**
- **表示-非営利（CC BY-NC）**
- **表示-非営利-継承（CC BY-NC-SA）**
- **表示-非営利-改変禁止（CC BY-NC-ND）**

　それぞれのライセンスは、各国の法律に則すようにリーガルチェックを経ている、作者の権利が守られ、利用者側にとっても利用条件がすぐにわかるというメリットがある。

8）クリエイティブ・コモンズ・ジャパン（CCJP）。https://creativecommons.jp/

4　ライセンスの動向

　数多くのFLOSSプロジェクトをホストしているGitHubの2015年調査によると、ホストされているオープンソースプロジェクトが使用しているライセンスの割合は、図1.2.1のとおりである。

図1.2.1　GitHubにおけるライセンス割合

順位	ライセンス	割合
1	MIT	44.69%
2	その他	15.68%
3	GPLv2	12.96%
4	Apache	11.19%
5	GPLv3	8.88%
6	BSD 3条項	4.53%
7	ライセンスなし	1.87%
8	BSD 2条項	1.70%
9	LGPLv3	1.30%
10	AGPLv3	1.05%

※出典：The GitHub Blog「Open source license usage on GitHub.com」（March9, 2015/Ben Balter）より抜粋・翻訳。
https://github.blog/2015-03-09-open-source-license-usage-on-github-com/

　人気のある3種（MIT、Apache、GPL）の割合はあまり変化していないものの、新しいプロジェクトではパーミッシブなライセンスが選ばれる傾向が強いようである。次節で説明するように、FLOSSをビジネスの収益源とする方法がいくつも登場してきたため、簡単で開発者にとってより利便性の高いライセンスが好まれているものと考えられる。

　2021年の調査では、1位はApacheライセンスで30%、2位はMITライセンスで26%となった。Apacheソフトウェア財団によるプロジェクトが増えたことが背景と考えられる。GPLグループは全体で21%となり、低下傾向が続いている。

第1編　Linuxとオープンソースの文化

2-5 オープンソースビジネス

「無料のソフトウェアはビジネスにならない」と思われていた時代もあったが、現在では間違いであったことが明白になっている。たとえば、2019年、Linuxディストリビュータの最大手であったRed Hat, Inc.を、IBMが340億ドルもの額で買収している。

1 FLOSSに基づくビジネス

日々、FLOSSを利用した新しいビジネスモデルに基づくビジネスが生まれている。成功しているビジネスモデルについて、大きく2つに分類して説明する。

2 既存のFLOSSを利用するビジネス

まず、既存のFLOSSを使用して行うビジネスが挙げられる。

①プロフェッショナルサービス

FLOSSは無料で利用できる代わりに、無保証である。FLOSSを利用するためには、ユーザー自身で勉強してある程度の知識を習得するか、専門家に任せるかのどちらかを選ぶことになる。FLOSSの利用を希望するエンドユーザー対して、トレーニング、テクニカルサポート、コンサルティングなどの専門サービスを提供するビジネスである。

複数のソフトウェアを組み合わせて連係動作する実行可能形式を作成して提供するSI[1]（System Integration）や、ディストリビューションの作成なども、プロフェッショナルサービス分野のビジネスと考えられる。

1) 日本では、②のカスタマイズや、サーバー構築・運用・管理などを含む「情報システムサービスの一括請負」を指してSIと呼ぶことも多い。

②カスタマイズ

小規模なエンジニアリング集団やフリーランスの個人によく見かける形態であり、FLOSSの利用を希望するエンドユーザーに対して、FLOSSへの機能追加や改造を行うビジネスである。ほとんどのFLOSSライセンスは、企業内での利用を含む、私的利用時のソースコードの公開義務がないことから利用しやすいことが、世界に共通している。

③SaaS / PaaS

FLOSSを組み合わせて自社内またはクラウド上で運用して、ユーザーに利用させるビジネスである。サブスクリプション（購読）型の料金体系で収益を得ていることが多い。たとえば、CMSが稼働するWebサーバーをホスティングしたり、メールサービスをホスティン

グしたりする。また、デスクトップアプリケーションと組み合わせて
提供されるケースなどもある。

3　独自のFLOSSを開発するビジネス

近年増えているのが、新しいソフトウェアを開発し、FLOSSとし
て公開しながらビジネスにつなげていくケースである。

①クラウドファンディング

新しいFLOSSを作成しようとするときや、既存のFLOSSの大幅な
機能拡張などを計画したときに利用される。KickstarterやIndigogo
などのクラウドファンディングによって資金調達を行う例が多く見ら
れる。

②クラウドソーシング

実際の開発にあたって、クラウドソーシングを利用して開発メン
バーを募り、初期のコミュニティが立ち上げられることがある。ま
た、公募の形式で、アイディア自体の募集なども行われている。

③デュアルライセンス

開発を終えたソフトウェアをリリースするにあたって、無料版をフ
リーソフトウェアライセンスとし、何らかの機能追加を行った有料版
をプロプライエタリとする方法が取られることも多い。つまり、free
editionとbusiness editionの構成である。また、コア機能はFLOSSと
してリリースし、オプション機能やプラグインを有料で販売する方法
も、デュアルライセンスの一種と考えられる。

④オープンソース化の延期

ソフトウェアの最新版はプロプライエタリとして有料で顧客に販売
し、1〜2世代古いバージョンをオープンソースとして無料で利用さ
せる方法である。

以上のように、FLOSSをビジネスにつなげる、あるいは、手持ちの
ソフトウェアをFLOSSとしてマーケットを拡大するなど、方法はア
イデアの宝庫である。

3-1 パッケージの配布形式

Linuxパッケージは多数あり、それぞれを配布を意味する「ディストリビューション」（distribution）と呼んでいる。本節では、配布形式の概念とさまざまな種類のディストリビューションを説明する。

1 ディストリビューションとは

OSの中心であるカーネル（kernel：種、中核の意）は、アプリケーションの起動から終了までのすべてを司り、アプリケーションとハードウェアとのやり取りを管理するためのソフトウェアである。つまり、カーネルはアプリケーションを動作させるためのものであり、単体では何もできない。カーネルとシェルやさまざまなツール・アクセサリなどのアプリケーションを組み合わせて、初めてユーザーの指示を受け入れて処理するという、実用的な動作が行えるようになる。「カーネル」に対するツール群を、ユーザーのための土地を意味する「ユーザーランド」（User Land）と呼ぶ。初期のLinuxは、「Linuxカーネル」と、「GNUソフトウェアコレクション」（2-1参照）を中核とする「ユーザーランド」を組み合わせたものであった。本来の「Linux」は、カーネルのみを指す名前であったが、現在では、カーネルとユーザーランドを組み合わせたものを総称して「Linux」と呼ぶようになっている。

Linuxカーネルには、さまざまなオプション機能、つまり、ソースコードから実行可能ファイルを得る「**コンパイル**」の際に、パラメータで取捨選択する機能が多数含まれている。いずれのパラメータを指定するかによって、カーネルのもつ機能などが変化する。また、初期あるいはデフォルトのユーザーランドに、どのようなツールやアプリケーションを同梱するかは、ユーザーランドの設計者が判断する。カーネルのオプションを決定してユーザーランドを設計し、組み合わせて実行可能なイメージを作成して配布する人や団体を、「**ディストリビューター**」と呼ぶ。そして、ディストリビューターが配布する成果物を、「ディストリビューション」と呼んでいる。

非常に多くのディストリビューターが存在し、営利企業であったり、単なるプロジェクト（日本でいう任意団体）であったり、個人であったりする。したがって、ディストリビューションの種類も極めて多い。

2 パッケージ管理システム

　オープンソースのソフトウェアは、相互に利用し合うエコシステムが確立している。このため、あるアプリケーションAを実行するために、別のアプリケーションBとライブラリXが必要であるといった「依存関係」があることが多い。アプリケーションAを実行したいときに、Aをインストールすると、自動的にBとXもインストールされる仕組みがあると便利である。そこで、A・B・Cそれぞれを「パッケージ」と呼ぶ1つのファイルにまとめて、Aのパッケージのなかに「パッケージBとパッケージXが必要である」という情報を埋め込む方法が使われている。パッケージに保存する内容と形式（フォーマット）と、パッケージを扱うツールの組み合わせが何種類もあるが、本節では、おもな2種類のみを説明する。

　それぞれのディストリビューターは、最新のパッケージ群をエンドユーザーに提供するために、すべてのパッケージを格納する「リポジトリ」[1]（repository）を保守し、専用のサイトで公開している。パッケージ管理ツールは、リポジトリの中からパッケージを検索し、ダウンロードおよびインストールをしたり、あるいは、削除したりする機能を提供するものである。

1）リポジトリとは、貯蔵庫を意味する。

3 deb形式とaptコマンド

　Debian（次節参照）プロジェクトが開発したパッケージ形式は、ファイル名の末尾に「.deb」という名前をつける慣例によって、「deb形式」（デブ）と呼ばれている。最新の操作ツールは、「aptコマンド」である。'sl'というジョークコマンドを探してインストールする実行例を**図1.3.1**に示す。

第**1**編

Linux とオープンソースの文化

図1.3.1　aptコマンドの実行例

```
op@term:~$ apt search sl mistake  ◄──  キーワードを指定しての検索
ソート中... 完了
全文検索... 完了
        途中省略
sl/bionic 3.03-17build2 amd64
 Correct you if you type 'sl' by mistake
        途中省略
op@term:~$ sudo apt install sl  ◄──  パッケージ「sl」をインストールする
[sudo] op のパスワード:
パッケージリストを読み込んでいます... 完了
依存関係ツリーを作成しています
状態情報を読み取っています... 完了
以下のパッケージが新たにインストールされます:
 sl
アップグレード: 0 個、新規インストール: 1 個、削除: 0 個、保留: 0 個。
        途中省略
sl (3.03-17build2) を展開しています...
sl (3.03-17build2) を設定しています ...
man-db (2.8.3-2ubuntu0.1) のトリガを処理しています ...
```

　本書で学ぶ要素をいくつも含んでいるため、本書をひと通り読み終えてから、**図1.3.1**を復習するとよい。

　aptコマンドは、最近になって提供が始まったもので、1つのコマンドでほぼすべての操作を行える統合型のコマンドである。以前は、パッケージ情報の検索を行う「apt-cacheコマンド」、インストール等を行う「apt-getコマンド」などに分かれていた。実機にaptコマンドがない場合には、apt-cacheコマンドやapt-getコマンドを探すとよい。なお、aptコマンドは、内部的に1つのdebファイルのみを操作する「dpkgコマンド」を呼び出して使用している。

4　rpm形式とyumコマンド

　Red Hat, Inc.（3-2参照）が開発した商用ディストリビューションのパッケージ形式は、ファイル名の末尾に「.rpm」という名前（Red Hat Package Manger）をつける慣例によって、「RPM形式」と呼ばれている。操作ツールは、「yumコマンド」であるが、今後は「dnfコマンド」に切り替えることが発表されている。dnfコマンドは、yumコマンドと同じオプションが使えるため、yumコマンドの実行例を**図1.3.2**に示す。

　なお、yumコマンド（dnfコマンド）は、内部的に「rpmコマンド」を呼び出して使用している。システムにインストールされているパッ

ケージを調査する場合などに、rpmコマンドを直接使用することもあ
る。

図1.3.2　yumコマンドの実行例

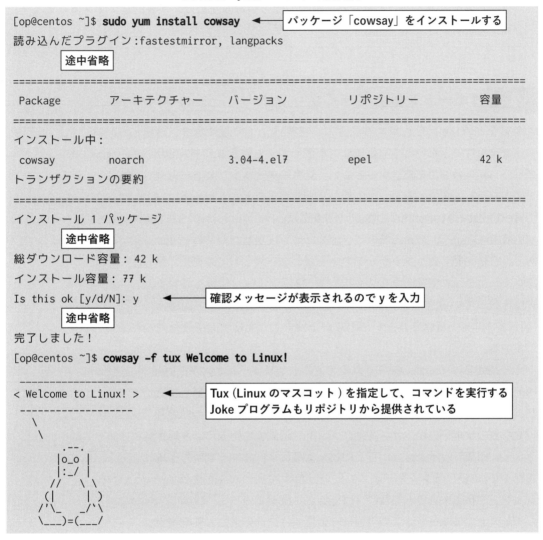

```
[op@centos ~]$ sudo yum install cowsay          ◀── パッケージ「cowsay」をインストールする
読み込んだプラグイン:fastestmirror, langpacks
     途中省略

==========================================================================================
 Package          アーキテクチャー       バージョン            リポジトリー              容量
==========================================================================================
インストール中:
 cowsay           noarch               3.04-4.el7           epel                     42 k
トランザクションの要約

==========================================================================================
インストール 1 パッケージ
     途中省略
総ダウンロード容量: 42 k
インストール容量: 77 k
Is this ok [y/d/N]: y          ◀── 確認メッセージが表示されるので y を入力
     途中省略
完了しました！
[op@centos ~]$ cowsay -f tux Welcome to Linux!

 _____
< Welcome to Linux! >          ◀── Tux（Linux のマスコット）を指定して、コマンドを実行する
 -------------------              Joke プログラムもリポジトリから提供されている
      \
       \
          .--.
         |o_o |
         |:_/ |
        //   \ \
       (|     | )
      /'\_   _/`\
      \___)=(___/
```

27

3-2 さまざまなディストリビューション

Linuxを使用する場合には、さまざまなディストリビューションのなかから、最も目的に近いものを選択することになる。選択の際の参考のために、代表的なディストリビューションを説明する。

1 サポートを購入できるディストリビューション

企業などでLinuxを利用する場合に、自社内に十分なサポートスタッフを用意できないときなどには、有償サポート付きのディストリビューションの利用を検討するとよい。無料のディストリビューションにこだわって苦労するよりも、低コストで導入できることも多い。

①Red Hat Enterprise Linux（RHEL）

Red Hat, Inc.は、Linuxでのビジネスで最も成功した企業の一つである。自社開発したソフトウェアのオープンソースとしての提供、開発コミュニティに対する資金提供などを通して、Linuxに最も多大な貢献を行っている企業の一つでもある。2-5で述べたとおり、2019年にIBMによって買収されたが、IBMから独立した組織として運営されている。

そのRed Hat, Inc.から提供されるディストリビューションが、Red Hat Enterprise Linux（RHEL）である。RHELの利用自体は無料であり、リポジトリ経由のアップデートや、電話や電子メールでの問い合わせなどのサポートが、サブスクリプション形式での購入により提供される。RHELの販売形態から、RHELと同じソースコードから作成されるCentOS（セントオーエス）といった「互換ディストリビューション」が存在するのも特徴の一つである（次項参照）。

ディストリビューションの内容は、企業向けに、先進性よりも安定性を重視した比較的保守的な構成となっている。概ね2年に1回のメジャーリリースが行われ、10年間のサポートが提供される。パッケージ形式はRPM、管理ツールはyumとdnfである。

②SUSE Linux Enterprise Server（SLES）

SUSE（スーゼ）は、ドイツに本拠を置く商用Linuxの老舗ディストリビューターである（次項参照）。デスクトップ用途に向けたSUSE Linux Enterprise Desktop（SLED）と、サーバー用途のSUSE Linux Enterise Server（SLES）をリリースしている。サーバー版は、IBM製メインフレームなどでも動作し、金融などのミッションクリティカル[1]な分野での稼働実績が豊富であり、欧州を中心として評価が高い。

1) mission critical。業務の遂行に不可欠であり、一瞬であっても停止しないことが求められる。

ディストリビューションの内容は、YaST（ヤスト）と呼ばれる端末画面とGUIの両方で利用できる管理ツールが最大の特徴である。コマンドラインを使わなくても、大部分の管理作業を行うことができる。製品には10年間のサポートが提供される。パッケージ形式はRPMであるが、ツールは独自のZypper（ジッパー）というコマンドを使用する。

③Ubuntu

Ubuntu（ウブンツ）は、コミュニティを基盤とする無料のディストリビューションである（次項参照）。Ubuntuは、イギリスを本拠地とするCanonical Ltd.（カノニカル社）による商用サポートを購入することができる。Canonical Ltd.は、Ubuntuを支援することを目的として設立された企業であり、有償で最大10年間のサポートやトレーニングなどを提供する。

2 商用製品をベースとするディストリビューション

Linuxディストリビューションの大きな特徴は、商用製品をベースとした無料のディストリビューションが存在することである。オープンソースであるため、成り立つ文化である。

①CentOS（Community ENTerprise Operating System）

CentOS（セントオーエス）は、Red Hat Enterprise Linuxのソースコードから再構築された完全互換のディストリビューションであったが、2020年末の方針変更によりCentOS Streamと改名されて、次期RHELの開発版と位置づけられることになった。

現在、RHEL完全互換のディストリビューションとしては、Rocky LinuxやAlmaLinuxが登場して広く使われている[2]。

②openSUSE

SUSEは、何度も企業買収を経て現在に至っている企業である。2003年にSUSEがNovellに買収された際に、それまでの商用版SUSE Linuxを、コミュニティによる開発体制に移行した経緯のあるディストリビューションである。開発コミュニティは、現在もSUSEなどの企業から支援を受けており、SELDなどと相互に影響し合っている。

現在は、SELDをベースとするopenSUSE Leapと呼ばれる安定したディストリビューションが提供されており、3年間のサポートが提供される。

[2] 同じくRHELをベースにした無料ディストリビューションに、Scientific Linux（サイエンティフィックLinux）があったが、開発・サポートが終了している。

第**1**編 Linuxとオープンソースの文化

Linux ディストリビューションの本流は、コミュニティを基盤とする開発と配布である。有名なディストリビューションほど、ユーザー数が多くてインターネットでのサポート情報が得やすいが、独特のポリシーを持った少数派のディストリビューションもある。

①Debian GNU/Linux

Debian GNU/Linux は、コミュニティによって提供されるディストリビューションの代表格であり、Debian（デビアン）と呼ばれる。最古のディストリビューションの一つであり、豊富なアーキテクチャとパッケージがサポートされている。GNU のフリーソフトに対する考え方を重視しており、最も Linux らしいディストリビューションといえる。

Debian は、多数のディストリビューションの基盤としても利用されており、Debian から派生したものも多い。②の Ubuntu や Raspbian も、ベースは Debian である。

2年に1度のメジャーリリースを行っており、各リリースに3年間（一部のアーキテクチャでは5年間）のサポートが提供される。

②Ubuntu

Debian から派生したディストリビューションであるが、用途に応じてデスクトップ版とサーバー版に分かれていて、インストール直後の構成が異なる。リポジトリは共通であり、利用できるパッケージにも差はない。デスクトップの使いやすさに定評があり、デスクトップ環境が異なるバージョン[3]も用意されている。

半年に1度（4月・10月に）新しいバージョンがリリースされ、通常版のサポート期間は9か月間である。偶数年の4月バージョン（つまり2年ごと）では、LTS（Long Term Suppot）と呼ばれる5年間の長期サポートが提供され、特に、サーバー用途で便利に利用されている。

③Linux Mint

Ubuntu から派生したディストリビューションで、軽量デスクトップ環境を採用しており、古いマシンなどでも軽快な動作に定評がある。フリーソフトウェアだけで構成するのではなく、必要に応じてプロプライエタリソフトウェアを使用することで、映像などのマルチメディアアプリケーションがサポートされていることも評価の一つである。

Ubuntu に LTS バージョンがリリースされるごとに対応バージョンがリリースされるため、2年に1回のメジャーリリースとなる。Ubuntu と共通のリポジトリを使用するため、Ubuntu LTS と同様に、5年間のサポートが提供される。

3) LXDE を使う Lubuntu、Xfce を使う Xubuntu がある。

④Fedora

Fedoraは、Red Hat, Inc.に支援されているコミュニティによるディストリビューションである。RHELとは対照的に、最新のアプリケーションを積極的に取り込み、成果をRHELに反映させるという検証目的の一面をもっている。

リリース間隔は概ね半年であり、2つ前のバージョンまでがサポートされるため、サポート期間は約1年間になる。頻繁なバージョンアップが必要であるが、Linuxの動向を追いかけたい人に向くディストリビューションである。

⑤Arch Linux

Arch Linux（アーチ・リナックス）は、インストール直後の状態では、カーネルと必要最小限のGNUソフトウェアコレクションのみがセットアップされる。最小主義「Keep It Simple」を掲げ、独自のパッケージ管理システムPacman（パックマン）を使用して、真に必要とするソフトウェアをリポジトリから取得してインストールする。

ソフトウェアの管理方法は、OS自体にリリースバージョンの概念をもたず、常にすべてのパッケージが最新版に保たれる「ローリングリリース」（Rolling release）[4]を採用している。常に最新版のソフトウェアを使用したいHacker（ハッカー）[5]向けのディストリビューションといえる。

4) FedoraやopenSUSEにも、Rolling releaseを使用している実験的なディストリビューションがある。

5) UNIX/Linux開発者たちの文化において、Hackerは優れた技術をもつ者に対する尊称である。不法攻撃者という意味はまったくない。

第**1**編 Linuxとオープンソースの文化

4-1 デスクトップアプリケーション

Linuxでどのような作業ができるかを示すために、Linuxで利用できる「アプリケーション」をいくつか説明する。本節では、デスクトップでの作業を行うために日常的に使用するアプリケーションを取り上げる。

1 デスクトップ環境

　デスクトップ環境とは、GUIのデスクトップ上に、ツールバーやメニューなどをどのように表示するかといった見た目と操作感（look & feel）全体を司るものである。ファイルマネージャやテキストエディタなどの基本的なアプリケーションソフトウェアを含む、一連のソフトウェアを指す。デスクトップ環境を切り替えると、見た目と、ファイルマネージャや端末エミュレータ、カレンダーなどの基本的なアプリケーションが切り替わる。見た目には、WindowsとmacOS、あるいは、iOSとAndroidを切り替えたかのように変化する。なお、Linuxの場合、ベースは同じOSであるため、異なるデスクトップ環境用のアプリケーションでも混在して実行することができる。

　現在、広く使われているデスクトップ環境は、次の2種類である。

①GNOME（GNU Network Object Model Environment）

　現在のLinuxシステムで、最も人気のあるデスクトップ環境である。GTKツールキットというC言語で書かれたライブラリを使用する。

②KDE

　もう1つの人気のあるデスクトップ環境である。QtというC++言語で書かれたライブラリを使用する。

　なお、デスクトップ環境を支え、グラフィックディスプレイへの描画を行うためのソフトウェアとして、長らくX Window System（エックス・ウインドウ・システム）が使われてきた。X Window Systemは、1980年代というグラフィックディスプレイが極めて高価だった時代に、複数のコンピュータで1台のグラフィックディスプレイを共有する考え方に基づいて設計されたソフトウェアである。現在、X Window Systemの限界や問題点が明らかになり、Linux用にWayland（ウェイランド）と呼ばれる新しいソフトウェアの開発が進められている。

2 オフィススイート

事務作業における必須アプリケーションともいえるのが、オフィス

スイートである。Sun Microsystems（サン・マイクロシステムズ）[1] がオープンソースで開発していた **OpenOffice**（オープンオフィス）という製品がベースになっている。OpenOffice は、Sun Microsystems が2010年に Oracle（オラクル）に買収された後に、Apache Foundation に寄贈された。寄贈後は、コミュニティベースの開発が続けられ、現在は、**Apache OpenOffice** と、The Document Fundation が開発する **LibreOffice**（リブレオフィス）の2種類が、Linux で利用可能である。OpenOffice は Apache 2.0 ライセンス、LibreOffice は LGPLv3 ライセンスで提供されており、Apache 2.0 ライセンスと LGPLv3 ライセンスの制約から、「両方の成果を取り込むことができる」LibreOffice が広く使われている。

LibreOffice は、ワードプロッサの Writer、表計算の Calc、プレゼンテーションの Impress、線画編集（ドローソフト）の Draw、数式エディタの Math、データベース管理の Base から成る。データファイル形式として、オフィス文書のためのオープン文書形式である Open Document Format（ODF）を採用している（**図1.4.1**）。ODF は、XML[2] をベースとする国際規格であり、中立性から日本を含むいくつかの政府において、標準フォーマットとして採用されている。また、LibraOffice は、Micorosoft Office 97 以降のデータファイルの取り込みと書き出しができ、Micoroft Office 2007 以降は ODF の読み込みと書き出しができる。しかし、変換による情報の欠落などがあり、完全な互換性があるとはいえない。

1）UNIX ベースのサーバーやワークステーションを開発・販売していたメーカー。1980〜1990年代の UNIX 文化を牽引した。NFS や Java の開発も Sun Microsystems が行った。

2）eXtensible Markup Language の略。さまざまな構造をもったデータを、テキストで表現するための仕様。

第**1**編

Linux とオープンソースの文化

図1.4.1 LibraOffice Calc の画面例

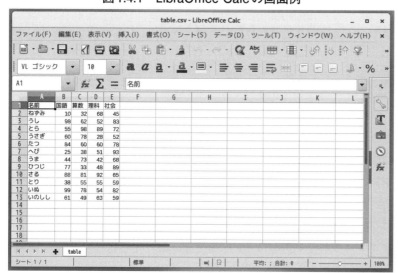

3 ブラウザとメール

ブラウザは、現在、最もよく使われるデスクトップアプリケーションといえる。メールソフトもWebメールに取って代わられつつあるが、まだ主要なアプリケーションの1つだろう。

①Mozilla Firefox

Mozilla Foundationが提供するMozilla Firefox（ファイアフォックス）ブラウザは、多くのLinuxディストリビューションに含まれている。Linux標準のブラウザといえる。

②Chromium

GoogleによるChromeブラウザやMicrosoftのEdgeブラウザの基盤となっているオープンソースのChromium（クロミウム）ブラウザは、Googleによるいくつかの追加機能を除いて、ほぼ同じ機能を実行できる。多くのディストリビューションで提供されており、パッケージマネジャーで「chromium」あるいは「chromium-browser」で検索できる。

また、Ubuntuなどのいくつかのディストリビューション向けに、Google ChromeやMicrosoft EdgeのLinux版が提供されている。

③Thunderbird

Thunderbird（サンダーバード）は、Mozilla Foundationの子会社MZLA Technologies Corporationが提供するメールクライアントである。パッケージマネジャーで「thunderbird」で検索できることが多い。

2020年にリリースされたバージョン78からは、1-4で述べたGnuPGに相当する機能が組み込まれて、手軽に暗号化メールの送受信ができるようになった。

4 画像処理とマルチメディア

Linuxでは、画像や音声を操作・編集するためのツールもそろっている。オープンソースソフトウェアであり、利用は無料である。ソフトウェアの多くは、Windows版やmacOS版もリリースされており、クロスプラットフォームで利用できることもメリットの一つとなっている。

①ImageMagick（イメージマジック）

コマンドラインで画像ファイルの種別を変換したり、サイズを変更したりするなどの処理を行うためのツールである。コマンドラインですべての操作が行え、画像ファイルを作成したり一部を修正したりするために、他のプログラムから呼び出して使われることが多い。

②GNU Image Manipulation Program（GIMP/ジンプ）

　写真などのビットマップイメージを編集するためのエディタである。ほとんどのビットマップファイル形式に対応している（**図1.4.2**）。

図1.4.2　GIMPの実行例

③Inkscape（インクスケープ）

　ベクターグラフィックス（線画）を編集するためのエディタである。現在も、SVGフォーマットを中心として、Webと親和性の高いフォーマットの編集機能の充実を目指して開発が進められている。

④Blender（ブレンダー）

　3次元CGのソフトウェアであり、3Dモデル作成、レンダリング、アニメーションなどが行える。

⑤Audacity（オーダシティ）

　オーディオエディタであり、ファイルフォーマットの変換や、録音、編集、エフェクトの追加、ミキシングなどが行える。

第1編

Linux とオープンソースの文化

4-2 サーバーアプリケーション

Linuxは、インターネット上のサーバーを支えるプラットホームの一つである。本節では、よく使用されるサーバーアプリケーションを取り上げる。

1 HTTPサーバー

現在のさまざまなインターネットサービスは、Webアプリケーションとして実装されることが多い。つまり、通信プロトコルとしてHTTP/HTTPSを使用し、Webブラウザ内で実行されるコードとHTTPサーバーが、逐次やり取りしながら処理を進める方法である。なお、Webブラウザ内で実行されるコードは、JavaScriptで記述されることが多い。さらに新しいソフトウェアも登場しているが、Webアプリケーション作成のために使用するソフトウェア群を指して、LAMP（Linux、Apache、MySQL/MariaDB、PHP/Perl/Python）という用語もある。

①Apache HTTP Server（Apache/アパッチ）

Apache HTTP Serverは、Webサーバーの代名詞ともなっているHTTPサーバーである。Apacheの成功により、Apacheソフトウェア財団が設立されたといえる。モジュールにより、さまざまな機能を追加することができる。

②Nginx（エンジンエックス）

Nginxは、大量のトラフィックを処理するために、軽量・高性能を求めて開発されたHTTPサーバーである。特に、HTMLファイルなどの静的ファイルの高速配信に向いている。モジュールによる機能追加が可能であるが、Apacheほど多数のモジュールが用意されているわけではない。有償のNginx+（いわゆるEnterprise版）が、Nginx Inc.[1] から提供されている。

③lighttpd（ライティ）

lighttpdは、さらに大量のトラフィックを処理するために、軽量化を推し進めたHTTPサーバーである。特に、PHPをはじめとする外部プログラムの実行に優れている。

1）Nginx Inc.は、現在はF5 Networksによって買収されている。

2　データベース

　HTTPサーバーと同様に、Webアプリケーションを実現するための重要なサーバーアプリケーションが、データベース管理システム（DataBase Mangement System；DBMS）である。

①MySQL（マイエスキューエル）

　MySQL は、Webアプリケーション用の比較的軽量なデータベースとして、広く使われたデータベースソフトウェアである。GPLの無料配布と、有償のデュアルライセンスで提供されるオープンソースソフトウェアである。当初は、スウェーデンの企業が開発したものであるが、Sun Microsystemにより買収され、Sun MicrosystemがOracleに買収されたため、現在はOracleの管理下にある。現在も、買収前と同様のデュアルライセンスで提供されている。

②MariaDB（マリアデービー）

　MariaDBは、Sun Microsystem がOracleに買収される際に、MySQLの囲い込みが起きることを危惧したオリジナル作者達により、MySQLから派生したソフトウェアである。現在、GPLv2で配布されている。MySQLとの互換性があるが、完全互換というわけではない。近年は、MySQLに代わり評価が高まっているデータベースである。2019年から、有償のMariaDB Enterprise Serverの提供も始まった。

③PostgreSQL（ポストグレスキューエル）

　PostgreSQL[2] は、MySQLと比較すると多機能で堅牢な設計のデータベースソフトウェアである。BSD類似のライセンスで配布されており、機能拡張版を商品として販売しているケースも多い。

2) 日本では「ポスグレ」との略称でも呼ばれる。

3 ファイル共有

　従来は、ネットワーク環境でデータをマシン間で共有するサービスは、LAN環境が主体であった。インターネット時代を迎えて、新しいタイプのサービスとソフトウェアが登場してきている。

①Network File System（NFS/エヌエフエス）

　NFSは、UNIX/Linuxマシン間で、**ファイルシステムを共有する**サービスであったが、現在では、WindowsやmacOSでも利用することができる。Linuxでは、バージョン2〜4がサポートされている。

②Samba（サンバ）

　Sambaは、Windowで利用されているMicrosoft Networkの主要なサービスを、Linux上で実現するソフトウェアである。ファイル共有機能だけでなく、Active Directoryのドメインメンバーおよびドメインコントローラとしてのサービスも提供できる。したがって、LinuxにSambaをインストールして、Windows Serverの代わりに使用できる。

③ownCloud（オウンクラウド）/ NextCloud（ネクストクラウド）

　ownCloudとNextCloudは、インターネット時代の新しいストレージサービスである。サーバーに置かれたファイルを、複数台のローカルデバイスとの間で同期するサーバー/クライアント型のサービスである。DropboxまたはMicrosoftのOneDriveに類似した機能を、自らが管理するマシン上に実現する。クライアントには、Linux、Windows、macOS、iOS、Androidが使用でき、それぞれ専用のアプリケーションをインストールして使用する。

　ownCloudとNextCloudのいずれも、コミュニティベースの開発を行っており、オープンソースの無料版を自由に使用することができる。ownCloudには有償のエンタープライズ版が用意されていて、NextCloudは有償のサポートサブスクリプションがあることが、大きな違いである。まず、ownCloudが公開され、開発者が離脱して新しくNextCloudの開発を始めたという経緯がある。

4　開発管理用のツール

　コミュニティやチームによる開発をサポートするためのツールの多くは、Web アプリケーションやネットワークサービスとして実装されている。

1) Git（ギット）

　Git は、ソースコードの変更履歴を記録・追跡するためのバージョン管理システムである。Linux カーネルの開発のために、Torvalds 自身が開発した。大規模な開発に対応するために、ソースコードのすべての変更履歴を格納したリポジトリの内容を、すべて手元のマシンにコピーしておき、必要な部分だけを交換し合うという分散型の構造になっている。

　また、Git を Web サービスとして提供する GitHub[3]（ギットハブ）は、オープンソースソフトウェアを開発コミュニティで共有するとともに、利用者に配布するためにも広く利用されている。

2) Redmine（レッドマイン）

　Redmine は、Web アプリケーションとして実装されたプロジェクト管理ソフトウェアである。課題管理（チケットトラッキング）と連動するガントチャートやカレンダーなどのプロジェクト管理機能、フォーラムや Wiki などの情報共有機能、外部のバージョン管理システムとの連携などが統合的に組み合わされている。

3) ソフトウェア開発のプラットフォーム。アメリカの GitHub 社によって保守されている。

第1編　演習問題

問題 1

Linux の先駆けとなったオペレーティングシステムとして、正しいものを2つ選択せよ。

選択肢

1. MS-DOS
2. MINIX
3. System 7
4. Windows NT
5. UNIX

解　答

問題2

クラウド上でLinuxがよく使われる理由として、正しいものを3つ選択せよ。

選択肢

1. 無料で利用できるから
2. デスクトップ環境が充実しているから
3. CLIだけで全機能を利用できるから
4. ベンダーによる手厚いサポートが期待できるから
5. 小さなインスタンスから大きなインスタンスまで、同じように利用できるから

解　答

問題3

セキュリティの観点から、不適切なアクションを2つ選択せよ。

選択肢

1. 空港のロビーに設置されたPCを使用する際に、プライベートウインドウを使用した
2. 特に重要なファイルではないが、暗号化して送信する
3. サイトごとに異なる長く複雑なパスワードを使用するために、パスワードマネージャーを使用する
4. 新しいソフトウェアを使うのではなく、古いバージョンのソフトウェアを使い続ける

解　答

問題4

オープンソースソフトウェアが満たすべき要件として、該当しないものを選択せよ。

選択肢

1. プログラムがどのように動作しているかを研究し、必要に応じて改造できる
2. プログラムを他の人に自由に再配布することができる
3. 改造したプログラムを同じライセンスで配布する必要がある
4. 改造したプログラムを、他の人に自由に配布することができる

解　答 _____

問題5

　GPLv3で公開されているアプリケーションを基に、Androidタブレットで動作するバージョンのアプリケーションを開発した。そのソースコードはインターネットで公開する。アプリケーションの適切な扱い方として、正しいものを2つ選択せよ。

選択肢

1. アプリケーションのソースコードをMITライセンスで公開する
2. 変更点を別のモジュールとして公開対象からはずす
3. 実行可能なプログラムを、Google Play Storeで有償販売する
4. 改良に参加してくれたプログラマをヘッドハンティングする

解　答 _____

問題6

　MITライセンスで公開されているライブラリを使用して、アプリケーションプログラムを作成した。扱い方の理解として、正しいものを2つ選択せよ。

選択肢

1. アプリケーションのソースコードを公開する必要はない
2. アプリケーションのソースコードを誰でも見られるように公開する必要がある
3. アプリケーションを有償で販売できる
4. アプリケーションを有償で販売することはできず、無償での配布に限り利用できる
5. アプリケーションのライセンスをMITライセンスにする必要がある

解　答 _____

問題7

LinuxでWebサーバーを構築する方法の解説書を作成したため公開しようと思う。できれば、それを読んだ人が変更や修正を加えて改良し、同様に公開してほしい。文書に付けるべきクリエイティブコモンズライセンスとして、正しいものを選択せよ。

選択肢

1. CC BY
2. CC BY-ND
3. CC BY-SA
4. CC BY-NC-ND

解　答

問題8

ディストリビューションとしてUbuntuを使用している。Apache HTTPD serverをインストールしたい。下線部に入力するコマンドとして、正しいものを記述せよ。

```
#　_____　install apache2
```

解　答

問題9

以下のディストリビューションのうち、deb形式のパッケージを使用してるものとして、正しいものを3つ選択せよ。

選択肢

1. Red Hat Enterprise Linux
2. Debian GNU/Linux
3. Linux Mint
4. openSUSE
5. Ubuntu

解　答

問題 10

RPMパッケージを操作するために使用できるコマンドとして、正しいものを3つ選択せよ。

選択肢

1. rpm
2. apt
3. yum
4. dpkg
5. zypper

解　答 _____

問題 11

Linuxで使用できるデスクトップ環境として、正しいものを2つ選択せよ。

選択肢

1. Cocoa
2. KDE
3. OpenWindow
4. GDI
5. GNOME

解　答 _____

問題 12

Linuxでよく使用されているWebサーバーアプリケーションとして、正しいものを3つ選択せよ。

選択肢

1. lighttpd
2. IIS
3. Exchange
4. Apache HTTP server
5. Nginx

解　答 _____

第 **2** 編

コマンドライン操作

Linux Essentials
PART 2

1-1 コマンドラインの概念

Linuxを操作するときにはCLI（Command Line Interface）と呼ばれる方法を使用する。これは、現在のようなグラフィック表示が使えるようになるずっと前、まだ、コンピュータが非力だった時代に作られた方法である。なぜそうなっているかを理解するために、少しコンピュータの歴史をひも解いておこう。

1 CLIの起源

　Linuxの最初のバージョンが登場したのは1991年であるが、多くの特徴や機能は1970年代に登場したUNIX（ユニックス）から引き継いでいる。その頃のコンピュータシステムは、大きくて重く、そして驚くほど高価であったため、図2.1.1に示すように、1台のシステムに多数の「端末（Terminal）」と呼ばれる装置を接続して使用するのが当たり前であった。

図2.1.1　端末のイメージ

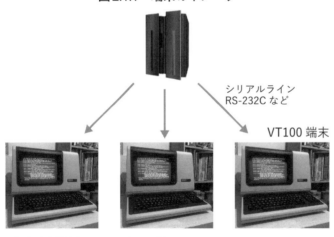

シリアルライン
RS-232C など

VT100 端末

※「VT100 端末」Photo by Dana Sibera
https://www.flickr.com/photos/microraptor/34478858086/

　端末というのは、80文字25行程度の英数字を表示するためのブラウン管[1]と、今とほぼ同じ形状のキーボードを1つに格納した装置である（図2.1.1下）。端末とコンピュータ本体はRS-232などの双方向シリアル信号線で接続されて、コード化された「文字」[2]をやりとりする仕組みとなっていた。CRT端末以前にはテレタイプライタ（電動タイプライタ）も、コンピュータとの入出力に使用されていた時代であり、Linuxにはそのなごりもある。
　当時の端末装置で表示できるのは英数字の「文字」のみであるから、それを使ってコンピュータのすべての操作を行えるように工夫す

1）液晶が普及する以前のテレビに搭載されていた表示装置。CRT（Cathode-ray Cube）とも呼ばれる。

2）この時代に定義された英数字と記号からなる文字セットがASCIIコードである。今でも最も基本的な文字コードとして使用されている。

ることが必要であった。そして、誕生したのがCLIである。その名前のとおり、1つのコマンド（**命令**）から始まる1行で1つの処理内容を指示して、その結果の出力が終わると、次のコマンドを受け付けることを繰り返すという方法である（**図2.1.2**）

図2.1.2 コマンドラインでの作業

1. プロンプト表示

```
hiro@ub:~$
```

2. 続けてコマンド入力

```
hiro@ub:~$ ls ↵
```

繰り返し

3. コマンド結果の出力

```
hiro@ub:~$ ls
Desktop Dicuments DownLoads
Pictures Projects Temp
```

　GUIのデスクトップでは、「端末」あるいは「ターミナル」というアプリケーションを実行すると、CLIの画面が現れる（**図2.1.3**）。つまり、以前使われていた端末装置と同じ機能を、グラフィック画面のソフトウェアで再現しているのである。

図2.1.3 端末ウィンドウ

第**2**編

コマンドライン操作

あるいは、Windowsなどのパソコン上で「ターミナルエミュレータ」と呼ばれるアプリケーションを実行して、ネットワーク経由でLinuxにアクセスすることもできる（**図2.1.4**）。この場合は、以前のシリアル信号線がネットワークに、端末装置がパソコン上のアプリケーションに置き換わったことになる。

図2.1.4　TeraTermの画面例

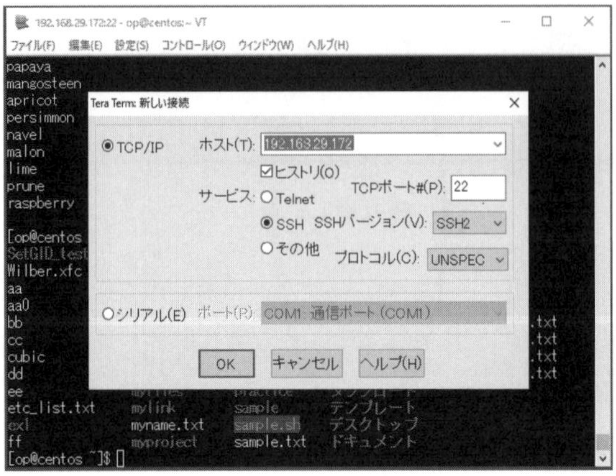

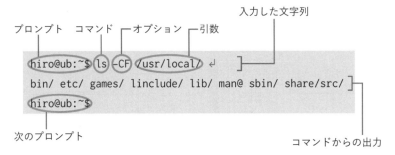

端末の上では「シェル（shell）」と呼ばれる種類のアプリケーションが稼働して、ユーザーの入力操作を補助してくれる（1-2で後述）。

2　コマンドラインの構成

それでは、コマンドラインの「行」の構成をみていこう。行の先頭には、プロンプトと呼ばれるシステムの出力が表示されて、その後ろに入力位置を示すカーソルが点滅する。

図2.1.5に示すように、入力する1行は空白を区切りとしていくつかの部分に分けられる。先頭は必ず「コマンド」である。Linuxにおけるコマンドは、いくつかのシェル組み込みコマンドを除けば、「プログラムファイルの名前」である。

図2.1.5　コマンドラインの構造

入力した文字列

プロンプト　コマンド　オプション　引数

```
hiro@ub:~$ ls -CF /usr/local/ ↵
bin/ etc/ games/ linclude/ lib/ man@ sbin/ share/src/
hiro@ub:~$
```

次のプロンプト

コマンドからの出力

　一般ユーザーが使用するコマンドは、大多数が/usr/binディレクトリに格納されており、1,000個以上のコマンドが用意されている（ディストリビューションによって異なる）。ただし、そのすべてを覚えておく必要はなく、よく使うものをまず覚えておき、必要に応じてマニュアルなどから探し出して使うことになる。多くのコマンドは、同じ行に指定された「オプション」と、続く「引数」を解釈して動作内容を決定する。「オプション」は、ハイフンで始まる文字列で、プログラムの動作内容を指定された文字に応じて変更したり、何を指定しているのかをプログラムに伝えたりするものである。次の2つの形式がよく使われているが、例外も少なくない。ガイドラインはあるものの、コマンドラインの解釈方法はコマンドプログラム開発者しだいである。

①簡易形式：以前からの形式

　ハイフン1つと英字1文字で短く指定する形式。「オプションの引数」がある場合には、オプション文字の後に1つの空白を置いて引数の文字列を指定する。たとえば、-f filenameといったものである。引数がないオプションを複数指定する場合には、-abといったように続けて書くことができるものが多い。

②長い形式：近年よく使われるようになった形式

　ハイフン2つと英単語1つで機能をわかりやすく示す形式。「オプションの引数」がある場合には、オプション文字列の後に「=」と引数の文字列を指定する。

　最後の「引数」の扱いは、コマンドによってまちまちである。「ファイル名」を引数に指定して、操作対象のファイルを示すコマンドが最も多いが、サブコマンドを指定したり、順に複数の引数を取ったりするものなどもある。

第**2**編　コマンドライン操作

1-2 コマンドラインの使用

コマンドを入力するときに極めて有効なシェルの便利機能を紹介する。最初はとまどうかもしれないが、これらの基本機能を覚えると、コマンドラインへの抵抗感は大幅に少なくなるだろう。

1 最初のコマンド実行

まずは、簡単なコマンドを実行してみよう。図2.1.6に示す実行例は、CentOS 7を使用した場合のものであるが、[ ] 内がプロンプト[1]である。echoコマンドは、引数に指定された文字列を画面上に表示するものである。1行目は単純な英語2ワードの文字列であり、2行目は次項で説明する「変数」を埋め込んだ文字列である。

[1] プロンプトに何をどう表示するかは調整可能であり、ディストリビューションによって異なっている。

図2.1.6　コマンド実行

```
[op@centos ~]$ echo Hello world!
Hello world!
[op@centos ~]$ echo こんにちは！ $LOGNAME さん
こんにちは！ op さん
[op@centos ~]$
```

2 コマンドの再入力と編集

シェルにはさまざまな「便利機能」が組み込まれていて、それらを使いこなすとコマンド入力を効率的に行うことができる。まずは、プロンプトが表示されているときにコントロールキーを押しながらp[2]あるいはnのキーを押してみよう。Ctrl-Pを押すたびに1つ前に入力したコマンドラインが表示される。Ctrl-Nを押すと逆順に1つ進むことになる。また、Ctrl-Bでカーソルが左に、Ctrl-Fでカーソルが右に移動するため、カーソル位置に文字を挿入したり、バックスペースキーやDELキーで文字の削除を行ったりすることができる（図2.1.7）。矢印キーが付いているキーボードでは、それらを使用することもできるが、スピーディなキーボード操作を行うには、コントロールキーを使用する方法を体に覚えさせたほうがよい。

[2] 本書では、この操作によって入力されるキーをCtrl-P と表記する。慣例的に「^P」と表記することもある。

図2.1.7 コマンドラインの編集

キー操作	動作
Ctrl-P / 上矢印	前の行に戻る
Ctrl-N / 下矢印	次の行に進む
Ctrl-B / 左矢印	前の文字に移動
Ctrl-F / 右矢印	次の文字に移動
BackSpace	カーソル左の文字を削除
DEL	カーソル位置の文字を削除
Ctrl-R	ヒストリーから文字列を検索する

※これらのキー操作は、emacs（イーマックス）というテキストエディタ
　のキー操作が基となっている。
※本書で取り上げているテキストエディタviのキー操作に切り替えること
　もできるので、興味があれば調べてみよう。

　これらの機能は、シェルのヒストリー機能と呼ばれていて、history
コマンドによって履歴を一覧表示できる。各コマンドラインには番号
が付けられて、行の先頭で「!番号」を入力すると、そのコマンドをそ
のまま再実行することもできる（図2.1.8）。

図2.1.8　historyコマンド

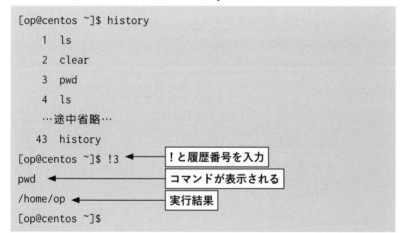

```
[op@centos ~]$ history
    1  ls
    2  clear
    3  pwd
    4  ls
   …途中省略…
   43  history
[op@centos ~]$ !3       ← ！と履歴番号を入力
pwd                     ← コマンドが表示される
/home/op                ← 実行結果
[op@centos ~]$
```

3　コマンドとファイル名の補完

　1-1で述べたとおり、コマンド名は実行可能ファイルの名前のた
め、プログラム作者のセンスによってまちまちとなるし、意味がよく
わからないものもよくある。特に、日本人にとっては、複数形のSが
付いたコマンドなど、覚えにくいものもいくつかある。Linuxの標準
シェルであるbashでは、コマンドの先頭数文字を入力してタブキー
を押すと、候補が1つだけであれば残りのコマンド名を一度に入力し

てくれる「補完機能」が備わっている。

　たとえば、「mo」までを入力してタブキーを押してみよう。ディストリビューションによって異なるが、moから始まるコマンドがいくつかあるため、短いブザー音が鳴ることが多い。そこで、もう1回タブキーを押すと、moから始まるコマンドの一覧が表示されるため、もう1文字か2文字を追加してタブキーを入力すると、コマンド全体が補完されて次のスペースまでが入力される。この機能をうまく使うと、正確なコマンド名を覚えていなくてもアシストしてもらえる（**図2.1.9**）。

図2.1.9　コマンドとファイル名の補完

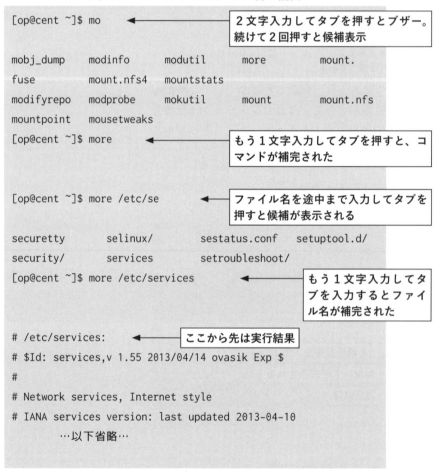

```
[op@cent ~]$ mo           ◀──── 2文字入力してタブを押すとブザー。
                                続けて2回押すと候補表示

mobj_dump    modinfo      modutil       more           mount.
fuse         mount.nfs4   mountstats
modifyrepo   modprobe     mokutil       mount          mount.nfs
mountpoint   mousetweaks
[op@cent ~]$ more         ◀──── もう1文字入力してタブを押すと、コ
                                マンドが補完された


[op@cent ~]$ more /etc/se ◀──── ファイル名を途中まで入力してタブを
                                押すと候補が表示される

securetty      selinux/       sestatus.conf   setuptool.d/
security/      services       setroubleshoot/
[op@cent ~]$ more /etc/services ◀──── もう1文字入力してタ
                                      ブを入力するとファイ
                                      ル名が補完された


# /etc/services:          ◀──── ここから先は実行結果
# $Id: services,v 1.55 2013/04/14 ovasik Exp $
#
# Network services, Internet style
# IANA services version: last updated 2013-04-10
           …以下省略…
```

　コマンドの多くは、操作対象として引数に「ファイル名」を取ることが多いのは1-1で述べたとおりである。そのため、ファイル名を補完する機能も備わっている。ファイル名（パス名）を途中まで入力してタブキーを押すと、複数の候補があることを知らせるブザー音が鳴るか、残りのファイル名を自動的に入力するかしてくれる。**図2.1.9**に示したが、静止画ではわかりにくいため、実機で試してほしい。

4 ファイル名の検索

コマンドの中には、削除コマンドやアーカイブコマンドなど、複数のファイルを対象として操作するものも多い。そのために、ファイルを簡単に選択することができる「メタ文字（メタキャラクタ）」[3] という仕組みが備わっている（**図2.1.10**）。

3) シェルにとって特別な意味をもった文字をいう。

図2.1.10　シェルのメタ文字（ワイルドカード）

文字	一致する文字（列）
*	0 文字以上の文字列。ただし、先頭のピリオドを除く
?	先頭のピリオド以外の1文字
[]	・カッコ内の文字のいずれかと一致する1文字 ・文字をハイフン「-」でつなぎ、途中の文字をまとめて指定することができる ・先頭にエクスクラメーション「!」を指定すると、意味が逆転して「いずれにも一致しない文字」になる
\ または ¥	直後のメタ文字の意味を打ち消し、普通の文字として扱う

比較的よく使用するパターン例を見ながら理解していこう。表を見比べながら、なぜこうなるのかを理解してもらいたい（**図2.1.11**）。

図2.1.11　コマンドのパターン例

```
[op@centos ex1]$ ls          ←──① ディレクトリにあるファイル一覧を表示
apple.txt    blueberry.txt  kiwi.doc    peach.txt       strawberry.doc
banana.doc   grape.txt      orange.txt  raspberry.doc
[op@centos ex1]$ ls *.txt     ←──②「.txt」で終わるファイルのみを表示
apple.txt  blueberry.txt  grape.txt  orange.txt  peach.txt
[op@centos ex1]$ ls ?????.*   ←──③ 5文字に続いてピリオドがあるファイルのみを表示
apple.txt  grape.txt  peach.txt
[op@centos ex1]$ ls [a-c]*    ←──④ a～cで始まるファイルのみを表示
apple.txt  banana.doc  blueberry.txt
```

これらの、存在するファイルとの一致によって内容が変わるメタ文字を「ワイルドカード」と呼ぶこともある。最もよく使用されるのは、ファイル名末尾の「ファイルの種類を示す文字列」に基づいてファイル（たとえば「.java」で終わるjavaソースファイルなど）を選択し、一括して移動やコピーの操作を行う場面である。

第**2**編

コマンドライン操作

1-3 シェル変数

シェルはプログラミング言語としての機能も備えており、「変数」を使って数値や文字列を記憶することができる。

1 変数とは

　シェルにおける変数とは、名前のついたメモリ領域に、文字列を格納するものである（**図2.1.12**）。変数の名前には、英字（大文字・小文字は区別される）・数字[1]・下線（アンダースコア「_」）を使用することができる。日本語を使用することはできない。

> 1) 数字を変数名の先頭に使うことはできない。

図2.1.12　変数の概念

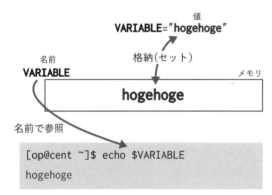

　シェルで扱う変数には2種類あるのだが、詳細は7-2で取り上げるので、ここではシェル変数と呼ばれるものについてだけ取り上げる。

2 変数のセットと利用

　シェル変数の定義（値のセット）は、次の書式で行う。

　　変数名＝文字列

　　例）ABC='FOO'

「＝」の左のシェル変数に、右の文字列をセットする。このとき、「＝」の前後に空白を置いてはいけない。シェルは空白を「単語の区切り」と見なすので、Syntax error（書式の誤り）になってしまう。

　変数の内容を参照する際は、文字「$」に続けてその名前を書くだけである。場合によっては、どこまでが変数名なのかを明示するために、変数名を波括弧「{ }」で囲むこともある。例を見てみよう（**図2.1.13**）。最後の例では、シェルのメタ文字（1-2参照）「'」をエスケー

プして、メタ文字としての機能を打ち消していることにも注意したい。

図2.1.13 シェル変数の利用

```
[op@centos ~]$ WORD=hello
[op@centos ~]$ echo $WORD
hello
[op@centos ~]$ export NAME=Taro
[op@centos~]$ echo $NAME
Taro
[op@centos ~]$ echo User ${NAME} says ${WORD}
User Taro says hello
[op@centos ~]$ echo User \'${NAME}\' says \'${WORD}\'
User 'Taro' says 'hello'
```

3　文字列のクオート

　シェルは空白をコマンドの区切りと見なすことは前項で述べたとおりである。そのため、空白を含む文字列を変数にセットしたい場合は、文字列をシングルクオート「'」またはダブルクオート「"」で囲んで文字列の範囲を明示する。これをクオーティング（Quoting）という。

　シングルクオートとダブルクオートでは若干意味が異なり、シングルクオートの場合は囲まれた文字列がそのまま値となるが、ダブルクオートの場合は変数の解釈が行われる。例を見てみよう（**図2.1.14**）。

図2.1.14　文字列のクオート

```
[op@centos_base ~]$ ONE=1
[op@centos_base ~]$ TWO=2
[op@centos_base ~]$ PENCIL1='This is $ONE pen'      ◀── シングルクオート
[op@centos_base ~]$ echo $PENCIL1
This is $ONE pen    ◀── 「$」もそのまま文字列に含まれる
[op@centos_base ~]$ PENCIL2="There are $TWO pens"   ◀── ダブルクオート
[op@centos_base ~]$ echo $PENCIL2
There are 2 pens    ◀── 変数が展開されている
```

　クオーティングに使うシングルクオートとダブルクオートは、いずれもシェルの「メタ文字」なので、その文字自体を文字列に含める場合には、エスケープする必要があることにも注意したい。

2-1 manページの参照

CLI（Command Line Interface）を使い出すと、コマンドやオプションなど、覚えておくとよいことが大幅に増えてくる。すべてを覚える必要はないので、コマンドなどを探す方法を覚えておこう。

1　オンラインマニュアル

　Linuxはたくさんのオープンソースソフトウェアの集合体であり、全体を説明するまとまったマニュアルは存在しない。しかし、UNIXの時代から、「コマンドごとにマニュアルを書いておく」ことが慣例となっており、マニュアルに書く内容や書式もかなり統一されている。それらのマニュアルを参照するためのコマンドがmanコマンドである。MANualの先頭数文字をコマンド名にしたものであり、manコマンドに所定の書式で書かれたマニュアルのことを「manページ」と呼んでいる。

　図2.2.1に、pythonインタープリタであるpythonコマンドのマニュアルを参照する様子を示す。

図2.2.1　pythonコマンドのマニュアル参照

```
[op@centos ~]$ man python
PYTHON(1)              General Commands Manual          PYTHON(1)


NAME
    python  - an interpreted, interactive, object-oriented programming language

SYNOPSIS
    python [ -B ] [ -d ] [ -E ] [ -h ] [ -i ] [ -m module-name ][ -O ] [ -OO ] [ -R ]
       [ -Q argument ] [ -s ] [ -S ] [ -t ] [ -u ] [ -v ] [ -V ] [ -W argument ]
       [ -x ] [ -3 ] [ -? ] [ -c command ¦ script ¦ - ] [ arguments ]

DESCRIPTION
    Python is an interpreted, interactive, object-oriented programming lan-
    …以下省略…
```

　引数として、マニュアルを参照したいコマンド名を与えればよい。実際の画面上では、「ページャー[1]」と呼ばれる端末の画面サイズに合わせて表示行数を調整するプログラムを通して表示されるので、長いマニュアルの場合も見やすく表示される。

1) スペースを入力することで次の画面に進み、文字qを入力することで、プロンプトに戻る（4-1参照）。

マニュアルの内容はさまざまであるが、多くのコマンドでは**図2.2.2**に示すブロック（節）に分けて書かれている。内容を探す場合の参考になるだろう。

図2.2.2　節タイトルと内容

節のタイトル	内容
NAME（名前）	コマンド名と、コマンドの短い説明
SYNOPSIS（書式）	コマンドの書式〜オプションと引数の書き方
DESCRIPTION（記述）	コマンドの詳細な説明
OPTIONS（オプション）	オプションごとの詳細な説明
ENVIRONMENT VARIABLES（環境変数）	コマンドが参照している環境変数に関する説明
EXIT CODE（終了ステータス）	プログラムの終了ステータス（0がエラーなし）
AUTHOR（作者）	作者の名前やメールアドレス
LICENSING（ライセンス）またはCOPYRIGHT（著作者）	ライセンス条件
FILES（ファイル）	設定ファイルなどの一覧と簡単な説明
SEE ALSO（参考）	参照すべき別のマニュアルや規格書

なお、一部のマニュアルは、日本の有志によって日本語訳が提供されているが、バージョンが古くて実際のプログラムとは異なる内容になっていることも多い。マニュアルを読んで疑問に思ったときには、英語版のマニュアルを参照するとよい（次項で後述）。

2　マニュアルを探す

manコマンドのマニュアルを参照してみるとわかるが、大変多くのオプションがあり、情報を探すための方法が数多く用意されている。もっとも便利な-kオプションは確実に覚えておこう。-kオプションの引数として、何らかのキーワードを指定すると、そのキーワードをコマンド名、あるいは、「短い説明」に含んだマニュアルをリスト表示する（**図2.2.3**）。

左にコマンド名など「マニュアルのタイトル」、右に短い説明が表示されるので、目的とする項目を探し出して、そのタイトルのマニュアルを改めて参照すればよい。

図2.2.3　マニュアルのリスト表示

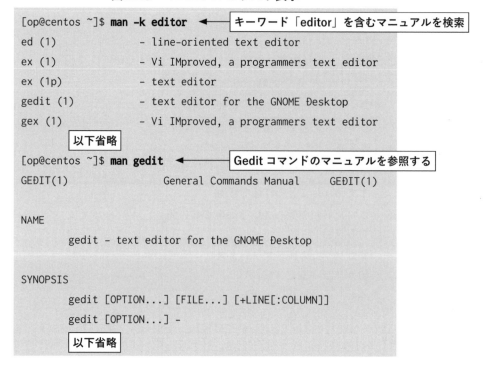

```
[op@centos ~]$ man -k editor     ← キーワード「editor」を含むマニュアルを検索
ed (1)              - line-oriented text editor
ex (1)              - Vi IMproved, a programmers text editor
ex (1p)             - text editor
gedit (1)           - text editor for the GNOME Desktop
gex (1)             - Vi IMproved, a programmers text editor
                 以下省略
[op@centos ~]$ man gedit     ← Gedit コマンドのマニュアルを参照する
GEDIT(1)                 General Commands Manual        GEDIT(1)


NAME
       gedit - text editor for the GNOME Desktop


SYNOPSIS
       gedit [OPTION...] [FILE...] [+LINE[:COLUMN]]

       gedit [OPTION...] -
                 以下省略
```

　図2.2.3の実行例のとおり、コマンド名の右側に括弧で囲んだ数字が表示される。そして、manページのヘッダにも同様の数字が付いている。manページにはコマンドだけではなく、さまざまな設定ファイルや、プログラミングの際に使用するライブラリのマニュアルも含まれていて、それぞれの章に分類されている。章立てを図2.2.4に示す。

図2.2.4　章番号とmanページの種類

章番号	含まれる man ページの種類
1	一般ユーザー用のコマンド
2	システムコール。C言語からカーネルを直接呼び出す場合のインターフェイス
3	ライブラリコール。システムの機能を呼び出す場合のインターフェイス
4	特殊ファイル。デバイスノードなど、カーネルとやり取りするインターフェイス
5	ファイルの書式。主に設定ファイルの書き方
6	ゲームプログラム
7	他の章に含まれない様々なマニュアル。たとえば、文字コードやプロトコルの説明
8	システム管理者用のコマンド
9	非標準のカーネルカーネルインターフェイス

つまり、コマンド名の右側の数字は、その「manページの章」を示しているのである。一般ユーザーが必要とするのは1章、システム管理者が必要とするのはさらに4章・5章・8章などであるが、この分類を覚えておくとマニュアルを探す際に役に立つ。数字のほかにアルファベットが数文字含まれる場合があるが、これは一連の関連するマニュアルをグループ化[2]しているものであり、あまり気にする必要はない。

なお、まれに複数の章に同名のタイトルのマニュアルが存在[3]することがあり、エントリ名（コマンド名）を指定しただけでは「章番号が若い方」のみが表示される。このような場合には、1つ目の引数として章番号を、2つ目の引数としてタイトルを指定する。たとえば、「man 5 hostname」のように指定する。

3　manコマンドの主要なオプション

前項で述べたように、manコマンドには多くのオプションがある。その中から便利なものをいくつか紹介しておく（**図2.2.5**）。

図2.2.5　manコマンドの主要なオプション

オプション	意味
-k	本文で述べたとおり。なお、検索する文字列は、単純なコマンド名やワードではなく、正規表現[4]で指定できる。
-L	言語設定を指定する。なお、「-L C」と指定すると、シェルの言語設定に関わらず、英語版のマニュアルが表示される。
-S	複数の章（セクション）からマニュアルを検索したい場合に、検索対象の章番号をカンマで区切って指定する。

2）たとえば、多くのサブコマンドを持つopenssl コマンドの場合、サブコマンドごとにマニュアルが用意されており、「1ssl」というセクション番号が付けられている。

3）たとえば、「hostname」というタイトルのマニュアルは、1章・5章・7章に存在する。

4）文字のパターンを指定する方法（4-4参照）。

第2編　コマンドライン操作

2-2 オンラインドキュメント

Linuxに備わっているドキュメントは、manページだけではない。プログラムの作者たちそれぞれの好みにより、さまざまな形式のドキュメントが作られて、プログラムとともに配布されている。

1 infoコマンド

GNUの成果物はLinuxの大きな部分を占めており、UNIX由来のコマンドの多くはGNUによって作成されたものが使われている。そのGNU独自のドキュメンテーションツールが、info（インフォ）と呼ばれるツールである。emacs（イーマックス）というGNU製の多機能エディタをコアとして、文字ベースの画面全体を使い、目次からのリンクをたどって対話的に文書を参照することができる。GNUによって作られたコマンドの中には、infoによって詳細なマニュアルが提供されていて、manページは補助的な内容だけのものがある。

infoコマンドを引数なしで起動すると、収められているすべてのinfoドキュメントが含まれるメニュー画面[1]が表示される（**図2.2.6**）。

1) メニュー画面に表示される内容は、ディストリビューションによって異なる。

図2.2.6　メニュー画面の表示

```
File: dir       Node: Top        This is the top of the INFO tree

  This (the Directory node) gives a menu of major topics.
  Typing "q" exits, "?" lists all Info commands, "d" returns here,
  "h" gives a primer for first-timers,
  "mEmacs<Return>" visits the Emacs topic, etc.

  In Emacs, you can click mouse button 2 on a menu item or cross reference
  to select it.

* Menu:

Archiving
* Cpio: (cpio).                 Copy-in-copy-out archiver to tape or disk.
* Tar: (tar).                   Making tape (or disk) archives.

Basics
* Common options: (coreutils)Common options.
* Coreutils: (coreutils).       Core GNU (file, text, shell) utilities.
* Date input formats: (coreutils)Date input formats.
* File permissions: (coreutils)File permissions.
                                Access modes.
* Finding files: (find).        Operating on files matching certain criteria.
* ed: (ed).                     The GNU Line Editor.

Compression
* Gzip: (gzip).                 General (de)compression of files (lzw).

-----Info: (dir)Top, 314 lines --Top----
```

先頭にアスタリスク「*」が付いた行がリンクである。矢印キー、あるいは**図2.2.7**に示すコマンドキーを使ってカーソルを該当行に移動

してリターンキーを押すと、リンクをたどってそのページに移動する。なお、infoでは移動先のページを「ノード」と呼ぶ。

図2.2.7　コマンドキーの動作

コマンドキー	動作
↑またはCtrl-P	カーソルを1行上に移動
↓またはCtrl-N	カーソルを1行下に移動
←またはCtrl-B	カーソルを左に移動
→またはCtrl-F	カーソルを右に移動
スペース	1画面進む
DELまたはBS	1画面戻る
リターン	リンク上にカーソルがあれば、そのリンクをたどる
d	コマンド一覧があるトップノードに移動する
u	1レベル上のノードに移動する
t	参照中のコマンドのトップページに移動する
n	次のノードに移動する
p	前のノードに移動する
Ctrl-S	ノード内で文字列を検索（順方向）
Ctrl-R	ノード内で文字列を検索（逆方向）
?	コマンド一覧のヘルプを表示する
q	Infoコマンドを終了する

第2編

コマンドライン操作

　ノード内はスペースキーでスクロールしていくため、文書全体を読むことができる。また、infoコマンドの引数としてノード名（プログラム名）を指定すれば、メニュー画面ではなく、そのコマンドのトップノードが表示される。

　詳細なドキュメントがそろっており、必要なところだけを探して読むことができるのも便利であるが、infoドキュメントはほとんど日本語に翻訳されていないため、英文を読む必要がある[2]。とはいえ、ワールドワイドでは重要なツールであるため、基本的な操作方法は押さえておくとよい。

2) 最新技術は英語でしか手に入らないことが多いため、英語を嫌がってはいけない。慣れるようにしよう。

2 manページとinfo以外のドキュメント

Linuxはさまざまアプリケーションプログラムの集合体でもあり、アプリケーションによっては、manページやinfo以外の独自のドキュメントが付属していることがある。そういったファイルの書式や内容はアプリケーションによってまちまちであるが、利用者の便をはかって/usr/share/docディレクトリの一か所にまとめられている。構成や格納されているドキュメントの数はディストリビューションによって異なるが、アプリケーションごとにディレクトリが作られて、その中にアプリケーションに付属するドキュメントが収められていることが多い。なお、テキストファイルの操作方法については、第4章で後述する。

アプリケーションに添付されているドキュメントには、以下のものが付いているいることが多いため、最初に参照するとよいだろう。

①READMEまたはREADME.1st

作者が最初に読んでほしいと考えている文書である。

②INSTALL

アプリケーションのインストール方法を記述した文書である。

③LICENSE

利用にあたってのライセンスが収められている。

また、ファイル名の末尾が「.md」で終わるファイルは、マークダウンという書式で書かれたテキストファイルであり、エディタで開いて簡単に読むことができる。

3 コマンドに組み込まれたヘルプ

よく使われて改良が続けられているコマンドでは、簡単なヘルプを表示する機能をもっているものが多くなってきている。特に近年は、「長い形式のオプション」に--helpを指定した際に、主にオプションの一覧などの簡単なヘルプを表示するのが当然になりつつある。また、非常に古くからあるコマンドにも、以前はなかった「--helpオプション」が追加されている。**図2.2.8**に最も多用するコマンドの1つであるlsコマンドの例を示す。

図2.2.8 ls コマンドのヘルプ

```
[op@centos ~]$ ls --help
使用法: ls [オプション]... [ファイル]...
List information about the FILEs (the current directory by default).
Sort entries alphabetically if none of -cftuvSUX nor --sort is specified.

Mandatory arguments to long options are mandatory for short options too.
  -a, --all                 . で始まる要素を無視しない
  -A, --almost-all          . および .. を一覧表示しない
      --author              -l と合わせて使用した時、各ファイルの作成者を表示す
る
  -b, --escape              表示不可能な文字の場合に C 形式のエスケープ文字を表
示する
      --block-size=SIZE     scale sizes by SIZE before printing them; e.g.,
                              '--block-size=M' prints sizes in units of
                              1,048,576 bytes; see SIZE format below
  -B, --ignore-backups      do not list implied entries ending with ~
  -c                        with -lt: sort by, and show, ctime (time of last
                              modification of file status information);
                              with -l: show ctime and sort by name;
                              otherwise: sort by ctime, newest first
  -C                        list entries by columns
      --color[=WHEN]        colorize the output; WHEN can be 'never', 'auto',
                              or 'always' (the default); more info below
  -d, --directory           list directories themselves, not their contents
  -D, --dired               generate output designed for Emacs' dired mode
  -f                        do not sort, enable -aU, disable -ls --color
  -F, --classify            append indicator (one of */=>@|) to entries
      --file-type           likewise, except do not append '*'
      --format=WORD         across -x, commas -m, horizontal -x, long -l,
                              single-column -1, verbose -l, vertical -C
```

特に、コマンドのオプションを忘れてしまったときなどには、
「--help」オプションを付けてコマンドを実行してみるとよい。

コマンドに組み込まれたヘルプには、「そのバージョンで使える」
オプションや機能のみが表示されるため、man ページなど「別々にメ
ンテナンスされている」ものよりも正確な情報を得やすいことが特徴
である。また、内容も、man ページなどよりはだいぶ簡素にまとめら
れていることが多く、実用的である。

3-1 ファイルとディレクトリの概念

　Linuxに限らず、パソコンを使う場合には「ファイル」と「ディレクトリ（フォルダー）」の概念は最も基本的な知識である。わかったつもりになるのではなく、それらの概念を復習して、LinuxとWindowsなどとの相違点を学習しよう。

1　2進数・8進数・16進数

　Linuxに限らず、コンピュータの世界では、数値を2進数で扱うことが大変に多い。まず2進数などの考え方をしっかりと理解しておこう。

　人間が使う数値は10進法である。ここで*x*進法というのは、「*x*個の数字で1桁を表現する」ことだと考えればよい。人間の指は10本だから、10進法が最も自然な数え方として定着したといわれている。対して、コンピュータなどのデジタル回路は、1つのスイッチでONとOFFの2つの値しか扱えない、いわば1本指であるから、2つの数値（0と1）で1桁を表す2進数が自然なのである。この2進数1桁のことを「**ビット**」と呼ぶ。また、10進法では「1の位」「10の位」「100の位」というように、10のべき乗で桁上がりをしていくが、同様に*x*進法では*x*のべき乗で位が上がっていく。これを図示したのが**図2.3.1**である。

図2.3.1　10進数と*x*進数

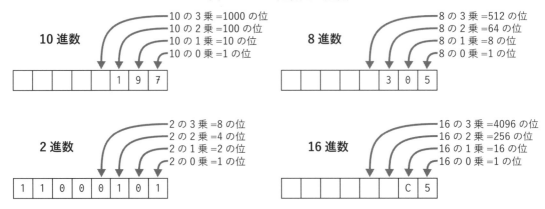

　デジタル機器の内部では2進数が使われているのだが、人間にとってはあまりに桁数が多くなってしまい不便なために、8進数や16進数を使用する場合が多い。8進数1桁は2進数3桁に相当し、16進数1桁は2進数4桁に相当するため、2進数のパターンへの変換が容易である。なお、16進数の場合は、数字が足りないので10～15までの数字をアルファベットのa～fを使って表記する[1]。

1）アルファベットは大文字でも小文字でも構わないが、小文字を使うことが多い。

2　ファイルとは何か

コンピュータの中では、すべての情報がビット（bit）、すなわち2進数のデータで扱われている。現在のコンピュータでは、8ビット[2]、すなわち1バイト（byte）を最小の単位としている。一連のデータを「バイト列」に順序立て、ハードディスクなどの記憶装置に格納したものがファイルである（**図2.3.2**）。

2) 8ビットで表現できる数値は0〜255になる。

図2.3.2　ハードディスクへのファイル格納

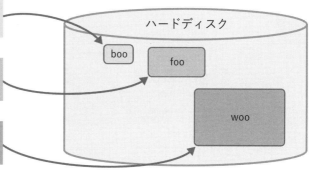

逆の言い方をすれば、ファイルとは「バイト列」であり、列内の位置を指定してバイト単位で読み込み・書き込みができる記録用の領域（一種のメモリ）である。それぞれのファイルにわかりやすい名前（ファイル名）を付けて区別できるようにすることで、1つの記憶装置（ディスク）に複数のファイルを格納できるようになっている。

なお、Linuxのファイル名には、パスの区切り文字である「/」を除くほぼすべての文字[3]が使用できる。ただし、アルファベット（半角英字）の取り扱いには注意が必要である。WindowsやmacOSではファイル「Abc」と「abc」は同じものとみなされる[4]が、Linuxではまったく別のものとして扱われる。たとえば、Linuxで作成したファイル「Abc」と「abc」をWindowsあるいはmacOSにコピーした場合に、先にコピーした「Abc」が後でコピーした「abc」に上書きされて、なくなってしまうトラブルがよくある。大文字・小文字の差異に依存した名前を付けることは避けるように習慣づけておこう。

3) UTF-8と呼ばれる、全世界の文字を含む文字コードが使われている。

4) これをCase insensiveと呼ぶ。

3 ディレクトリとは何か

取り扱うファイルが増えてくるにつれて、ファイル名だけではわかりやすく整理することが困難になってきたため、「ファイル名を収めたファイル」、すなわちディレクトリ[5]が考えられた。ディレクトリの中に、ファイルだけではなく別のディレクトリを置くこともできるようにしたため、**図2.3.3**に示すように、木構造によってファイルを整理することができる。

5) ディレクトリはフォルダーと呼ばれることもある。

図2.3.3　ディレクトリとファイル

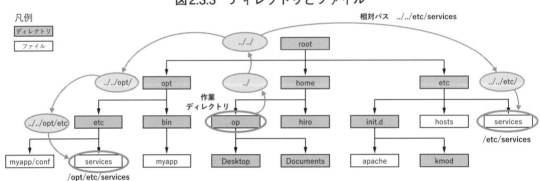

1つの記憶装置内で、**図2.3.3**のような木構造を実現するもの（概念）を「ファイルシステム」と呼んでいる。Windowsでは「A:」や「C:」といったドライブ名で区別する概念が、この「ファイルシステム」にあたる。macOSでは「ボリューム」と呼ばれる概念である。

4 パス名によるファイルの指定

木構造をもつファイルシステムでは、「根」（root）にあたるディレクトリ（ルートディレクトリ）から、ディレクトリを順に手繰ることで、任意のファイルに到ることができる。この経路（path）を示すために、ディレクトリの名前を区切る文字として、Linuxでは「/」を、Windowsでは「\」（日本語環境では「¥」）を使用する。ルートディレクトリも同じく、Linuxでは「/」、Windowsでは「\」である。

5　特別なディレクトリ「.」と「..」

　3-2で実例を示していくが、ディレクトリには、必ず含まれている2つのディレクトリが存在する。自分自身を指す「.」(ピリオド1つ)と、1つ上の親ディレクトリを指す「..」(ピリオド2つ) である[6]。これらを使うことで、現在の作業ディレクトリが「/home/op」だとすると、そこを起点として**図2.3.3**の2つのservicesファイルを次のように指定することができる。

①../../etc/services

②../../opt/etc/services

　このように、現在の作業ディレクトリを起点とした指定方法を「**相対パス**」、ルートを起点とした指定方法を「**絶対パス**」または「**フルパス**」と呼んでいる。

6) ルートディレクトリは特別であり、「..」も自分自身を指している。なお、Windowsでは、ルートディレクトリに「.」も「..」も存在しない。

第**2**編

コマンドライン操作

3-2 ホームディレクトリの見方

Linuxのユーザーがシステムにログインした際に、最初に目にするのが「ホームディレクトリ」である。まず、自分のホームディレクトリから、ファイルシステムの体験を始めよう。

1　ホームディレクトリを見る

Linuxでは、ユーザーごとに専用のディレクトリが割り当てられる。これを「ホームディレクトリ」といい、ユーザーはそのディレクトリの下に、ディレクトリやファイルを好きなように作成することができる。システムにログインした直後には、そのホームディレクトリを**作業ディレクトリ**[1]（working directory）としてシェルが起動される。作業ディレクトリとは、ディレクトリ名を指定しなかったときに暗黙で操作対象となるディレクトリのことである。

まず、そのホームディレクトリから見ていこう。図2.3.4にCentOS 7の例で、opというユーザー名でログインした場合を示す。

1）カレントディレクトリ（current directory）ということもある。

図2.3.4　ホームディレクトリの内容

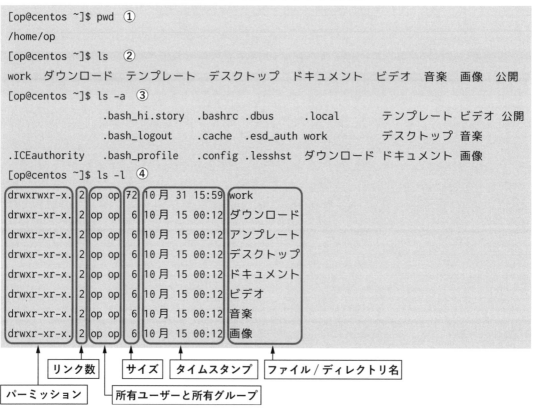

```
[op@centos ~]$ pwd  ①
/home/op
[op@centos ~]$ ls  ②
work  ダウンロード  テンプレート  デスクトップ  ドキュメント  ビデオ  音楽  画像  公開
[op@centos ~]$ ls -a  ③
                .bash_hi.story  .bashrc  .dbus      .local        テンプレート ビデオ 公開
                .bash_logout    .cache   .esd_auth  work          デスクトップ 音楽
.ICEauthority   .bash_profile   .config  .lesshst   ダウンロード ドキュメント 画像
[op@centos ~]$ ls -l  ④
drwxrwxr-x. 2 op op 72 10月 31 15:59 work
drwxr-xr-x. 2 op op  6 10月 15 00:12 ダウンロード
drwxr-xr-x. 2 op op  6 10月 15 00:12 アンプレート
drwxr-xr-x. 2 op op  6 10月 15 00:12 デスクトップ
drwxr-xr-x. 2 op op  6 10月 15 00:12 ドキュメント
drwxr-xr-x. 2 op op  6 10月 15 00:12 ビデオ
drwxr-xr-x. 2 op op  6 10月 15 00:12 音楽
drwxr-xr-x. 2 op op  6 10月 15 00:12 画像
```

リンク数　サイズ　タイムスタンプ　ファイル／ディレクトリ名

パーミッション　所有ユーザーと所有グループ

　図2.3.4①のpwdコマンドはPrint Working Directoryの略で、作業ディレクトリのフルパスを表示するコマンドである。このユーザーのホームディレクトリは、フルパスで/home/opであることがわかる。

2　lsコマンド

　ホームディレクトリには、どのようなファイルやディレクトリがあるのだろう。それらを表示する**図2.3.4②**のlsコマンドは、CLIを使っているときには最も頻繁に使用するコマンドで、LiStを短縮したものである。オプションや引数なしに使用すると、作業ディレクトリにあるファイルやディレクトリの一覧を表示する。初期状態でホームディレクトリに置かれるファイルやディレクトリは、ディストリビューションによって異なり、言語設定によっても異なるため、使用しているLinuxで試してみよう。

　lsコマンドに-aオプションを付けると、**図2.3.4③**のように表示される内容が少し増える。Linuxではピリオド「.」から始まるファイル/ディレクトリは「隠しファイル」として扱われ、デフォルトでは表示されない。各ユーザーのホームディレクトリには、シェルをはじめとしてさまざまなコマンドが、設定ファイルやディレクトリを隠しファイルとして作成する。また、すべてのディレクトリに含まれる「.」と「..」ディレクトリも表示される。

　lsコマンドはたくさんのオプションをもっているが、最も頻繁に使用するのは**図2.3.4④**の-lオプションである。-lオプションを指定すると、個々のファイルやディレクトリに関する詳細情報が表示される。それぞれの欄の意味については、本書を通して少しずつ説明する。本節では、タイムスタンプは、「ファイルやディレクトリが最後に更新された日時」を表していることと、「パーミション」欄の一番左側（行の先頭）の文字「d」は、ディレクトリを示していることを覚えておこう。

3-3 ディレクトリツリーの探索

Linuxのファイルシステムには、初期状態においても何千～何万ものファイルが含まれている。作業ディレクトリを移動して、ファイルシステムの中を自由に探索してみよう。

1 ディレクトリの探索

作業ディレクトリの内容を見る方法を理解した次には、作業ディレクトリを変更する方法を覚えよう。作業ディレクトリを変更するには、cdコマンド（Change Directoryの意）に「変更先の」ディレクトリ名を指定する。**図2.3.5**①では、ホームディレクトリから、その下の「デスクトップ」ディレクトリに作業ディレクトリを移動している。

図2.3.5　作業ディレクトリへの移動

```
[op@centos ~]$ cd デスクトップ    ①
[op@centos デスクトップ]$ pwd    ②
/home/op/デスクトップ
[op@centos デスクトップ]$ ls -a ③
. ..
[op@centos デスクトップ]$ ls -a /    ④
.   bin   dev   home   lib64   mnt   proc   run    srv   tmp   var
..  boot  etc   lib    media   opt   root   sbin   sys   usr
[op@centos デスクトップ]$ cd ~         ⑤
[op@centos ~]$
[op@centos ~]$ ls -R    ⑥
.:
work ダウンロード テンプレート デスクトップ ドキュメント ビデオ 音楽 画像 公開
./Work:
ReadMe.txt
./ダウンロード:
./テンプレート:
./デスクトップ:
./ドキュメント:
./ビデオ:
./音楽:
./画像:
./公開:
```

移動に成功した場合には、cdコマンドからの出力は何もない。しか
し、例に使用しているCentOS 7では、シェルのプロンプトに作業
ディレクトリが掲示されるように設定されているため、プロンプトの
変化により作業ディレクトリが変わったことがわかる。**図2.3.5**②で
pwdコマンドを実行してみると、確かに作業ディレクトリが
「/home/op/デスクトップ」になったことが確認できる。

それでは、その「デスクトップ」ディレクトリの内容を**図2.3.5**③
で見てみよう。どのディレクトリにもある「.」と「..」だけ、つまり、
何もない状態である。

もちろん、作業ディレクトリを変更せずに、ディレクトリ名を引数
に指定して内容を確認することもできる。**図2.3.5**④はルートディレ
クトリの内容を確認してみたところである。lsコマンドとcdコマン
ドを使って、ファイルシステム全体を探索できるため、いろいろ見て
回ろう[1]。

それでは、**図2.3.5**⑤でホームディレクトリに戻ろう。初期状態の
プロンプトにも表示されているが、文字「~」(チルダ)はシェルでは
「ホームディレクトリ」を示すメタ文字である。たとえば、「~/デスク
トップ」は、「/home/op/デスクトップ」と同じ意味になる。なお、
引数を付けないcdコマンドは、自分のホームディレクトリに移動す
るので、⑤は単に「cd」と入力しても同じである。

1) どのディレクトリに何
があるかを定めたファイル
システム階層標準(File-
system Hierarchy Stan-
dard : FHS)というガイド
ラインがあり、第3編1-6
で解説している。

2 探索のためのlsコマンドオプション

最後に、すべての子ディレクトリをたどってその内容を一度に表示
する、lsコマンドの-Rオプションを見ておこう。⑥では-Rオプション[2]
を指定しているため、指定したディレクトリ(この場合は作業ディレ
クトリであるホームディレクトリ)に子ディレクトリがあれば、子
ディレクトリを1つずつ手繰ってディレクトリに含まれるファイルや
ディレクトリを表示する。1つひとつに作業ディレクトリを移動して
lsコマンドを実行しなくても、一度で内容を一覧することができる。

lsコマンドは-lオプションや-aオプションと併用することも可能で
あり、あるディレクトリの下すべてを調べるときには、「ls -alR」を多
用することだろう。

2) 長い形式では、
--recursive。再帰的との
意味である。

3-4 ディレクトリ/ファイルの作成

ディレクトリやファイルを見る方法を理解したら、操作する方法を覚えよう。少しでもパソコンを使ったことがあれば、知っている操作である。まずは、入れ物となるディレクトリの作成方法を覚えよう。

1 ディレクトリの作成

作業に必要なファイルを集めてきて、1つのディレクトリにまとめてから操作することは、非常に頻繁に行う作業である。まずは、ファイルを取りまとめるためのディレクトリを作成する方法から見てみよう。実行例を図2.3.6に示し、順に解説していく。

図2.3.6　ディレクトリの作成

```
[op@centos ~]$ ls  ①
ダウンロード　テンプレート　デスクトップ　ドキュメント　ビデオ　音楽　画像　公開
[op@centos ~]$ mkdir example  ②
[op@centos ~]$ ls  ③
example　ダウンロード　テンプレート　デスクトップ　ドキュメント　ビデオ 音楽 画像 公開
[op@centos ~]$ ls -a example/
. ..
```

①作業ディレクトリの内容確認

まず、作業ディレクトリの内容を確認してみよう。8つのディレクトリがあることがわかる。

②ディレクトリの作成

次に、ディレクトリ「example」を作成する。新しいディレクトリを作成するには、mkdir（MaKe DIRectory）コマンドを使用し、引数に作成したいディレクトリのパスを指定する。例のように、名前だけを指定した場合には、作業ディレクトリにディレクトリが作成される。

③ディレクトリの再確認

再度、lsコマンドで確認すると、ディレクトリ「example」が作成されている。-aオプションを付けて、その内容を見ると、「.」および「..」のみがあり、何もないことがわかる。

2 ファイルの作成

続いて、作成したexampleディレクトリの中に、空のファイルを作成してみよう。実行例を**図2.3.7**に示す。

図2.3.7 ファイルの作成

```
[op@centos ~]$ touch example/myfirstfile   ①
[op@centos ~]$ ls -la example/   ②
合計 4
drwxrwxr-x.  2 op op   23 11月 16 19:20 .
drwx------. 15 op op 4096 11月 16 19:20 ..
-rw-rw-r--.  1 op op    0 11月 16 19:20 myfirstfile
```

①ファイルの作成

touchコマンドを使って、exampleディレクトリの中にファイル「myfirstfile」を作成する。touchコマンドは、引数に指定したファイルが存在すれば、そのファイルの「更新時刻」をコマンド実行時の時刻にセットするコマンドである。しかし、指定のファイルが存在しない場合には、長さ0、つまり、空のファイルを作成する。

②ファイルの確認

作成したファイルを、-lと-aオプションを付けたlsコマンドで確認する。意図したとおり、ファイル「myfirstfile」が作成されている。

3 コマンドのオプション

簡単にmkdirコマンドを紹介したが、重要なオプションを紹介しておく。mkdirコマンドに複数の引数を指定すると、それぞれのディレクトリを作成する。-pオプション[1]を指定すると、途中のディレクトリを含めて、複数のディレクトリを一度に作成する。たとえば、「aaa/bbb/ccc」を指定し、aaa/bbbが存在しない場合には、途中の「aaa/bbb」を作成し、その後に「aaa/bbb/ccc」ディレクトリを作成する。

1) 長い形式では、--parents。親ディレクトリも作成するという意味である。

第2編 コマンドライン操作

3-5 ファイルの操作

多少なりともパソコン操作を覚えた人なら、ファイルを移動したりコピーしたり、あるいは、名前を変更して整理したりしたことがあるだろう。GUIに頼らず自由にファイルを操作しよう。本節では、基本のコピーを学習する。

1 ファイルのコピー

GUIを使っていると、エクスプローラやFinderで直感的に行っていることだが、CLIでは、何をどこにコピーするのかをすべてコマンドラインで指定することになる。ファイルのコピーを行うには、**cp**コマンド（CoPy）を使用する。基本形から始めて、いくつかのケースを見ていこう（**図2.3.8**）。

図2.3.8　ファイルのコピー

```
[op@centos ~]$ mkdir practice  ①
[op@centos ~]$ cd practice/
[op@centos practice]$ cp /etc/services .  ②
[op@centos practice]$ cp /etc/passwd .
[op@centos practice]$ ls -l
合計660
-rw-r--r--. 1 op op   2305 11月 17 18:11 passwd
-rw-r--r--. 1 op op 670293 11月 17 18:11 services
[op@centos practice]$ cp passwd パスワードファイル  ③
[op@centos practice]$ ls -l
合計664
-rw-r--r--. 1 op op   2305 11月 17 18:11 passwd
-rw-r--r--. 1 op op 670293 11月 17 18:11 services
-rw-r--r--. 1 op op   2305 11月 17 18:11 パスワードファイル
[op@centos practice]$ mkdir systemConfFiles  ④
[op@centos practice]$ cp /etc/*.conf systemConfFiles/
cp: '/etc/sudo-ldap.conf' を 読み込むことが出来ません：許可がありません
cp: '/etc/sudo.conf' を 読み込むことが出来ません：許可がありません
[op@centos practice]$ ls systemConfFiles/
GeoIP.conf              fuse.conf       locale.conf     oddjobd.conf     sos.conf
    途中省略
fprintd.conf            libuser.conf    numad.conf      sestatus.conf
```

2　ファイルをコピーする

①ディレクトリの作成

　まず、練習用に専用のディレクトリを作り、作業ディレクトリとしよう。

②ファイルのコピー

　作業ディレクトリに、システムに用意されているファイルを2つコピーしてみよう。「.」は現在の作業ディレクトリを指すため、/etcディレクトリからファイルを1つずつ、現在の作業ディレクトリにコピーする。lsコマンドを使って、コピーされたことを確認してみよう。このように、コピー元には1つのファイルを、コピー先にはディレクトリを指定するケースが最も多い。

③ファイル名の指定

　コピー先にファイル名を指定することもできる。ファイルが存在しなければ、指定した名前のファイルが作られ、ファイルが存在していれば、そのファイルを上書きすることになる。

④複数ファイルのコピー

　1回に複数のファイルをコピーすることもできる。シェルのメタ文字「*」を使用して、/etcディレクトリにあるファイルのうち、名前が「.conf」で終わるファイル[1]をコピー元として指定する。cpコマンドは、最後の引数を「コピー先」として、それよりも前にある引数はすべて「コピー元」と解釈する。/etcディレクトリには、セキュリティ上、一般ユーザーには読み出せないファイルもあるため、いくつかは読み出し不可でエラーとなるが、読み出せるファイルは、すべてsystemConfFilesディレクトリにコピーされる。lsコマンドでコピー結果を確認してみよう。

1)「/etc/*.conf」を個々のファイルに展開するのはシェルの働きであり、cpコマンドは複数のファイルをコマンド行から受け取って順に処理を行うだけであることに注意すること。「echo /etc/*.conf」コマンドを実行してみると、処理内容がよくわかる。

3-6 ディレクトリの操作

ファイルに続いて、ディレクトリのコピーについて学習しよう。ファイルとディレクトリを取り合わせて、目的のディレクトリにコピーすることができるようになることが目標である。

1 ディレクトリのコピー

cpコマンドは、ディレクトリとその中に含まれている子ディレクトリと子ファイルをまとめてコピーすることもできる。3-5で作成したpracticeディレクトリを使って例をあげる。パターンは2つあり、「コピー先」に指定するディレクトリがすでに存在する場合と、存在しない場合である（**図2.3.9**）。

図2.3.9　ディレクトリのコピー

```
[op@centos practice]$ mkdir destÐir
[op@centos practice]$ cp -r  systemConfFiles/ destÐir/        ①
[op@centos practice]$ ls -F
destÐir/ passwd services systemConfFiles/ パスワードファイル
[op@centos practice]$ ls destÐir/
systemConfFiles
[op@centos practice]$ ls destÐir/systemConfFiles/
GeoIP.conf      fuse.conf       locale.conf     oddjobd.conf   sos.conf
    途中省略
fprintd.conf    libuser.conf    numad.conf      sestatus.conf
[op@centos practice]$ cp -r  systemConfFiles/ newÐir/    ②
[op@centos practice]$ ls -F
destÐir/ newÐir/ passwd services systemConfFiles/ パスワードファイル
[op@centos practice]$ ls newÐir/
GeoIP.conf      fuse.conf       locale.conf     oddjobd.conf   sos.conf
    途中省略
fprintd.conf    libuser.conf    numad.conf      sestatus.conf
[op@centos practice]$ cp -r  systemConfFiles/ services   ③
cp: ディレクトリではない 'services'をディレクトリ 'systemConfFiles/'で上書きすることは
    できません
```

①ディレクトリのコピー

宛先ディレクトリ「destDir」を作成してから、-rオプション[1]を指定してディレクトリ「systemConfFiles」をディレクトリ「destDir」にコ

1）長い形式では、--recursive。また、-Rも同じ意味で使用できる。

ピーする。lsコマンドで、destDirディレクトリを確認する。-Fオプションは、表示される名前がディレクトリの場合には、末尾に文字「/」を付加してディレクトリであることを明示するものである。さらに、destDir/systemConfFilesディレクトリの内容は、./sytemConfFilesディレクトリと同じであることを確認する。

②ディレクトリの指定

　次に、まだ存在しない宛先ディレクトリ「newDir」を指定して、同じく-rオプションを指定したcpコマンドを実行する。結果として、作業ディレクトリに新たにnewDirディレクトリが作成され、内容は、systemConfFilesディレクトリと同一になる。

③ディレクトリのコピー指示

　-rオプションでディレクトリのコピーを指示する場合、コピー先は必ずディレクトリになる。コピー先にファイルを指定した場合には、図2.3.9③のようにエラーになる。

2　ディレクトリの中身をコピーする

　実際の作業のなかでは、コピー元のディクレトリの中身を既存の別のディレクトリにコピーしたいことがあるだろう。図2.3.9①のように、ディレクトリを既存のディレクトリにコピーすると、中身ではなくディレクトリ自体がコピーされてしまい、一段深いところにファイルが置かれることになる。ディレクトリをコピーするということは、ディレクトリ自体をコピーすることのため、中身をコピーしたいときには、それぞれのファイルと子ディレクトリをコピーする。シェルのワイルドカードを使用して、次のように指定する。

```
cp -r sourceDir/* targetDir
```

　子ディレクトリを丸ごとコピーするためには、-rオプションが必要である。なお、シェルのワイルドカードはピリオド「.」から始まる隠しファイル/ディレクトリには一致しないため、隠しディレクトリがある場合には、別途「souceDir/.*」をコピーするなどの工夫が必要である。

3-7 移動と削除

本節では、ファイルやディレクトリの基本的な操作の最後として、移動と削除を取り上げる。ここまでのコマンドを使いこなせるようになると、CLIの便利さを実感できるようになってくる。

1　名前の変更と移動

　本節でも、引き続き3-5で作成したpracticeディレクトリを使って例をあげていく。Linuxでは、ファイルやディレクトリの名前を変更することと、ファイルやディレクトリを移動することは、同じmvコマンド（MoVeの略）で行う。移動先が移動元と同じディレクトリであれば、移動ではなく名前変更になるだけである。コマンドの使い方はcpコマンドと同じであるが、移動元がディレクトリであっても、-rオプションを付ける必要はない。**図2.3.10**に例を示す。

図2.3.10　ファイルやディレクトリの移動

```
[op@centos practice]$ mv パスワードファイル PassWord
[op@centos practice]$ ls
PassWord destDir moveDir newDir passwd services
[op@centos practice]$ mkdir moveDir
[op@centos practice]$ mv systemConfFiles moveDir/
[op@centos practice]$ ls moveDir/
systemConFiles
```

　1つ目の実行例は、同じディレクトリ内での移動のため、ファイルの名前が変更されることになる。2つ目の実行例は、移動先がディレクトリのため、そこへの移動となる。

2　削除

　ファイルの削除にはrmコマンド（ReMoveの略）を、ディレクトリの削除にはrmdirコマンドを使用する。難しいコマンドではないため、例を示しながら解説する。同じく、3-5で作成したpracticeディレクトリで説明していく。本ディレクトリには、3つのファイルと3つのディレクトリがある。

図2.3.11　ファイルやディレクトリの削除

```
[op@centos practice]$ ls
PassWord destÐir moveÐir newÐir passwd services
[op@centos practice]$ rm passwd services　①
[op@centos practice]$ ls
PassWord　destÐir　moveÐir　newÐir
[op@centos practice]$ rmdir newÐir　②
rmdir: `newÐir' を削除できません：ディレクトリは空ではありません
[op@centos practice]$ rm newÐir/*
[op@centos practice]$ rmdir newÐir
[op@centos practice]$ rm -r moveÐir/　③
[op@centos practice]$ ls
PassWord destÐir
```

①ファイルの削除

　ファイルを削除するには、rmコマンドの引数に削除したいファイルを指定する。シェルのワイルドカードを使って、複数のファイルを一度に削除することもできる。

　-iオプションを指定すると、1つひとつのファイルについて確認メッセージが表示されるため、取捨選択して削除したい場合には便利である。

②ディレクトリの削除

　ディレクトリの削除には、rmdirコマンドの引数に削除したいディレクトリを指定[1] する。ディレクトリ内にファイルや子ディレクトリがあるとエラーになるため、あらかじめ空にしておく必要がある。

③ディレクトリの削除（もう一つの方法）

　rmコマンドに-rオプションを付けると、ディレクトリを、その中のファイル・子ディレクトリを含めて削除できる。実際に作業を行う際には、rmdirコマンドよりも手軽なため、こちらのrm -rコマンドのほうを多用する。

----

1) ファイルを指定するとエラーになる。

第2編

コマンドライン操作

3-8 リンクの操作

Linuxには、ファイルやディレクトリに対して、別の名前を付けるリンクという機能がある。規定の位置とは異なるディレクトリにファイルがあるように見せかけたい場合などに大変に便利である。

1　2種類のリンク

現在のLinuxには2種類のリンクがある。1つは古くからある「ハードリンク」と呼ばれるもので、ファイルシステムの巧妙な仕組みを利用したものである。もう1つは「シンボリックリンク」と呼ばれるもので、「別のファイル/ディレクトリを指し示す」特別なタイプのファイルを使用するものである。ハードリンクの仕組みは難しいため、本書では取り上げない。実運用場面においても、シンボリックリンクを使用することのほうが多い。

2　シンボリックリンクの概念

シンボリックリンクの仕組みと特徴を説明しておこう。シンボリックリンクとは、パス名を内容とする特殊なファイルである。シンボリックリンクにアクセスすると、内容であるパス（本節ではリンク先パスと呼ぶ）を読み出して、リンク先ファイルにアクセスしたように扱われる。いわば、シンボリックリンクとは、他のファイルやディレクトリになりすましているといえる。

リンク先のパスは、絶対パスでも、相対パスでも問題ない。絶対パスであれば、リンク先パスとして指定されたファイルが開かれることになる。相対パスであれば、シンボリックリンクが置かれているディレクトリからの相対パスとして解釈される。いずれの場合も、リンク先パスが指定するファイルやディレクトリが存在しない場合[1]には、「No such file or directory」エラーになる。このエラー発生時には、リンク先のパスではなく、シンボリックリンクの名前が表示されるため、エラーの原因がわかりにくい。リンク先のファイルが削除されるなど、後日リンク切れになってしまうこともあるため注意しよう。

> 1) リンク先パスが無効な状態を「リンク切れ」と呼ぶことが多い。

3　シンボリックリンクの使い方

シンボリックリンクを作成するには、ln（LiNk）コマンドに-sオプションを付けて使用する。-sオプションはシンボリックリンクを意味しており、-sを指定しない場合にはハードリンクを作成する。簡単な

シンボリックリンクを作成してみよう（図2.3.12）。

図2.3.12　シンボリックリンクの作成

```
[op@centos ~]$ mkdir mylink; cd mylink   ①
[op@centos mylink]$ ln -s /etc/passwd .   ②
[op@centos mylink]$ ln -s ../../../usr/share/doc/nano-2.3.1/ ./nano_doc
[op@centos mylink]$ ls -l   ③
合計 0
lrwxrwxrwx. 1 op op 34  2月  9 11:10 nano_doc -> ../../../usr/share/doc/nano-2.3.1/
lrwxrwxrwx. 1 op op 11  2月  9 11:10 passwd -> /etc/passwd
[op@centos mylink]$ ls nano_doc   ④
AUTHORS   COPYING    INSTALL   README   TODO      nanorc.sample
BUGS      ChangeLog  NEWS      THANKS   faq.html
```

①作業ディレクトリの作成

　まず新しいディレクトリを作成して、そこを作業ディレクトリとする。シンボリックリンクを作成するときは、このように「シンボリックリンクを置くディレクトリ」を作業ディレクトリとしておくと、リンク切れのシンボリックリンクを作成するミスが起きにくい。

②シンボリックリンクの作成

　2つのシンボリックリンクを作成している。第1引数がリンク先のパス名、第2引数がシンボリックリンクのパス名になる。cpコマンドやmvコマンドと同じ並びであると覚えておくとよい。リンク先のパス名が無効であっても、lnコマンドの実行は失敗しないため、正しいリンク先を指定するように注意する。シンボリックリンクを作業ディレクトリとは異なるディレクトリに作成することもできるが、その際は、リンク先を絶対パスで指定するか、-rオプション[2]を指定してリンク先パスの調整を行うことを指示する必要がある。

2）長い形式では、--relative。

③作成したリンクの確認

　リンク切れのシンボリックリンクによるエラーは原因に気づきにくいので、意図したとおりのシンボリックリンクが作成されていることを確認することを習慣づけておこう。lsコマンドの-lオプションで、リンク先のパスが表示される。行先頭の文字「l」が、ファイルがシンボリックリンクであることを示している。

④アクセスできることの確認

　作成したシンボリックリンクを使って、意図したファイル／ディレクトリにアクセスできることを確認しておく。

3-9 ファイルの検索

　Linuxのディレクトリツリーは大変に使いやすいものだが、ときにはどこにファイルを置いたかを忘れることがある。ファイル名の一部でも覚えていれば、その一部を使ってファイルを見つける方法がある。

1 locateコマンド

　Linuxシステムのほとんどのディストリビューションは、システムに含まれるすべてのファイルの名前を記録したデータベースをもっている。locateコマンドを使用すると、そのデータベースを検索して、指定したキーワードと一致するファイルをすべて表示する（図2.3.13）。

図2.3.13　locateコマンドの実行例

```
[op@centos ~]$ locate release
/etc/centos-release
/etc/centos-release-upstream
/etc/os-release
/etc/redhat-release
/etc/system-release
    ...以下省略...
```

　キーワードには、シェルのワイルドカード「*」を使用することができるほか、-rオプションによって正規表現[1]によるパターンを使用することもできる。

1) 4-4参照。

　locateコマンドの便利な点は、システムファイルだけではなく、自分が作成したファイルや、他のユーザーが作成したファイルも検索できることである。ただし、データベースの更新は、通常、1日に1回しか行われないため、作成した直後のファイルなどは検索しても見つからない。また、単純な英単語や短い検索ワードでは、非常に大量のファイルが見つかるといった欠点もある。プロジェクト名など、固有の名前の一部を覚えている場合に活用するとよい。

　なお、検索対象を多少調整できるオプションもいくつかある。

①-bオプション

　検索対象からディレクトリ名を除外する。

②-iオプション

　アルファベットの大文字と小文字を区別しない。

③**-rオプション**

検索パターンを正規表現で指定する。

2　findコマンド

findコマンドも、ファイルシステムの中から検索条件に一致するファイルを見つけて、パス名を表示するコマンドである。多様な検索条件を指定することができ、その分、使いこなしが難しいコマンドだが、ファイル名から探す方法のみ紹介しておく。

findコマンドは、第1引数に「探索を開始するディレクトリ」を指定して、その後、ハイフン「-」から始まるさまざまな検索条件を指定する点が特徴である。**図2.3.14**に実行例を示す。

図2.3.14　findコマンドの実行例

```
[op@centos ~]$ find ~ -name '*.txt'    ①
/home/op/work/ReadMe.txt
/home/op/filelist.txt
/home/op/now.txt
/home/op/myname.txt
[op@centos ~]$ find /usr/share/doc -name 'readme*'    ②
/usr/share/doc/lua-5.1.4/readme.html
/usr/share/doc/marisa-0.2.4/readme.ja.html
/usr/share/doc/words-3.0/readme.txt
```

図2.3.14①はホームディレクトリを起点として、その下にあるすべてのファイルから「*.txt」というパターンに一致するファイルを探して、フルパス名を表示する。**図2.3.14**②は/usr/share/docディレクトリを起点として、その下にあるすべてのファイルから「readme*」というパターンに一致するものを探す。パターンにはシェルのワイルドカード文字が使用できてわかりやすいが、その場合はパターン全体をクオートしておくことが必要である。

3　locateコマンドとfindコマンドの違い

locateコマンドは、あらかじめ作成しておいたデータベースを利用して動作するため、非常に高速である。一方、findコマンドは、実際にファイルシステムにアクセスしながら1つひとつディレクトリを探していくため、動作が遅い。探索を開始するディレクトリを適切に指定して利用しよう。

4-1 ファイルの表示

本章では、コンピュータらしい作業を行うための基本を習得する。まず、ファイルの内容を表示したり、データを集めて新しいファイルを作成したりといった操作を覚えよう。

1 テキストファイルの表示

ファイルの内容は千差万別であるが、Linuxでは伝統的に、ほとんどのデータは「テキストファイル」に保存される。特に、システムの動作に関わる設定ファイルのほとんどは、単純なテキストファイルであることが多い。また、何らかのデータ構造をもっていたとしても、近年主流のXMLやYAMLといった形式で、テキスト、つまり、文字として表示・編集を行えることが多い。単純で簡単なものから表示・編集の操作を習得しよう。なお、Linuxの「テキストファイル」では、改行コード\J（Line Feed）を行の区切り[1]として扱う。

テキストファイル全体を単純に出力するには、cat（ConcATinate）コマンドを使用する。concatenateが「連結する」という意味であることから推測できるように、引数に指定したファイルを、順にすべて連続して出力するコマンドである。いくつかの便利なオプションを**図2.4.1**に示しておく。

1) Windowsでは\R\J（Carriage ReturnとLine Feedの2文字）、macOSはUNIXベースのためLinuxと同じく\Jの1文字である。なお、これらの文字を入力するときは、対応するキーを押すか、Ctrlキーと同時にアルファベットのキーを押す。

図2.4.1　catコマンドのオプション

オプション	意味・動作
-n --number	・行の先頭（左端）に行番号を表示する ・空白行もカウントする
-b --number-nonblank	・行の先頭（左端）に行番号を表示する ・空白行はカウントしない

テキストファイルの先頭から指定した行数を表示するには、headコマンドを使用する。やや変則的であるが、オプションを意味するハイフン「-」の直後に、表示する行数を数値で指定する。あるいは、-nオプション[2]に行数を指定しても同じ結果になる。

同様に、テキストファイルの末尾から指定した行数を表示するtailコマンドも備わっている。オプションもほぼ同じである。コマンドの実行例は、本節の**図2.4.2**に示す。

2) 長い形式では、--number。

2　catコマンド・headコマンド・tailコマンドの実行例

本節で取り上げた3つのコマンドの実行例を、**図2.4.2**に示す。

図2.4.2　コマンドの実行例

```
[op@centos ~]$ cat /etc/resolv.conf          ←── ①ファイル全体を表示
; generated by /usr/sbin/dhclient-script
search localnet
nameserver 192.168.29.19
nameserver 192.168.29.10
[op@centos ~]$ head -10 /etc/services         ←── ②ファイルの先頭10行を表示
# /etc/services:
# $Id: services,v 1.55 2013/04/14 ovasik Exp $
#
# Network services, Internet style
# IANA services version: last updated 2013-04-10
#
# Note that it is presently the policy of IANA to assign a single well-known
# port number for both TCP and UDP; hence, most entries here have two entries
# even if the protocol doesn't support UDP operations.
# Updated from RFC 1700, ``Assigned Numbers'' (October 1994). Not all ports
[op@centos ~]$ tail -n 5 /etc/services        ←── ③ファイルの末尾5行を表示
com-bardac-dw    48556/tcp            # com-bardac-dw
com-bardac-dw    48556/udp            # com-bardac-dw
iqobject         48619/tcp            # iqobject
iqobject         48619/udp            # iqobject
matahari         49000/tcp            # Matahari Broker
```

3　行数・ワード数・文字数の計算

　Linuxに含まれるさまざまな文書処理機能は、英語圏で生まれたものである。そのため、ファイルに含まれる「行数」「ワード数」「文字数」を数える**wc**コマンド（Word Countの略）が備わっている。引数には複数のファイルを指定することもでき、指定した場合は、ファイルごとの行数、ワード数、文字数を表示したうえで、各合計数も表示する。実行例を**図2.4.3**に示す。

　いずれかの情報のみを表示したい場合には、-lで行数、-wでワード数、-cで文字数を表示するため、必要なものだけを指定すればよい。

第**2**編

コマンドライン操作

図2.4.3　wcコマンドの実行例

```
[op@centos_base ~]$ wc /etc/services          ←──── ①行数、ワード数、文字数を表示
11176 61033 670293 /etc/services
[op@centos_base ~]$ wc -l /etc/services /etc/hosts   ←──── ②2つのファイルの行数を表示
11176 /etc/services
    2 /etc/hosts
11178 合計
```

4　画面表示のためのlessコマンド

　端末画面の大きさは限られているため、長いファイルを一度に表示することは難しい。表示するファイルを端末画面の広さに分割して、1画面（ページ）ずつ表示する「ページャー」（Pager）と呼ばれるコマンドが備わっている。特に広く使われているものに、lessコマンド[3] がある。引数に表示したいファイル名を指定してlessコマンドを起動すると、先頭から1画面分を表示して、画面の最下部に表示中のファイル名またはプロンプト文字「:」を示して、ユーザーからのコマンド待ちになる。そこで指示できるコマンド文字（キー入力）の主要なものを、図2.4.4に示す。

3) 以前からあったmoreコマンドを改良して作られたため、lessと名付けられた。

図2.4.4　lessのコマンド文字と動作

キー	動作
空白　f　Ctrl-F	1画面分進む
b　Ctrl-B	1画面分戻る
Return　j　e	1行分進む
k　Ctrl-K	1行分戻る
d　Ctrl-D	半画面分進む
u　Ctrl-U	半画面分戻る
/	検索文字列の指示（入力待ちになる）
n	次の検索文字列に進む
N	前の検索文字列に戻る
h　H	ヘルプの表示（qで終了）
:n	次のファイルに移動する
:p	前のファイルに移動する
v	エディタを起動する（デフォルトはvi）
q　Q	lessコマンドの終了

　単純にファイル全体を順に表示したいときには、ページごとに空白
（スペース）キーを押せばよい。

　先頭に戻ったり、キーワードを検索できたりと、ファイルを見て回
るには欠かせないツールであるため、コマンド表を見ながらいろいろ
と試して、キー操作[4]を覚えよう。なお、このlessコマンドのキー操
作は、Linuxでは一般的なエディタであるviコマンドのサブセットと
なっている。lessコマンドが自由に使えるようになると、viエディタ
（6-2参照）の操作も簡単になるはずである。

4) キーバインディング（key binding）とも呼ばれる。

図2.4.5　lessのヘルプ

```
             SUMMARY OF LESS COMMANDS

     Commands marked with * may be preceded by a number, N.
     Notes in parentheses indicate the behavior if N is given.
     A key preceded by a caret indicates the Ctrl key; thus ^K is ctrl-K.

  h  H                  Display this help.
  q  :q  Q  :Q  ZZ      Exit.
 ---------------------------------------------------------------------

                  MOVING

  e  ^E  j  ^N  CR  *  Forward  one line   (or N lines).
  y  ^Y  k  ^K  ^P  *  Backward one line   (or N lines).
  f  ^F  ^V  SPACE  *  Forward  one window (or N lines).
  b  ^B  ESC-v      *  Backward one window (or N lines).
  z                 *  Forward  one window (and set window to N).
  w                 *  Backward one window (and set window to N).
  ESC-SPACE         *  Forward  one window, but don't stop at end-of-file.
  d  ^D             *  Forward  one half-window (and set half-window to N).
  u  ^U             *  Backward one half-window (and set half-window to N).
  ESC-)  RightArrow *  Left  one half screen width (or N positions).
  ESC-(  LeftArrow  *  Right one half screen width (or N positions).
  F                    Forward forever; like "tail -f".
 HELP -- Press RETURN for more, or q when done
```

4-2 リダイレクト

リダイレクト（redirect）には、「向け直す」「書き直す」といった意味がある。リダイレクトはその名のとおり、コマンドの入力元（通常はキーボード）や出力先（通常は端末画面）を、別のファイルに切り替える機能である。

1　標準入出力とエラー出力

Linuxでは、シェルから起動されたすべてのコマンドが、1つの入力用の口と2つの出力用の口をもって起動される。3-1で述べたファイルの概念と同様に、キーボードからの文字入力も、画面に対する文字出力も、一連の「バイト列」なのである。実際に、Linuxではキーボードも端末画面も、仮想的なファイルとして扱われている。

①標準入力（0）

コマンドが入力を受け取るための口であり、基本的にキーボードが接続されている。

②標準出力（1）

コマンドの「通常の」出力を送り出すための口であり、基本的に端末画面が接続されている。

③標準エラー出力（2）

コマンドの通常の出力とは異なる「エラーメッセージ」を送り出すための口であり、基本的に標準入力と同じ端末画面に接続されている。

上記①〜③のカッコ内の数字は、「ファイルデスクリプタ番号」（file descriptor number）と呼ばれる一種のID番号であるが、本書では詳細を取り上げない。番号が何を示すのかを覚えておけば十分である。

リダイレクトとは、①〜③の「口」とデバイスやファイルとの結び付きを一時的に変更することである。次の**図2.4.6**の上部が通常の状態、下部が①〜③の口をファイルにリダイレクトした状態である。

図2.4.6 通常の状態とリダイレクトした状態

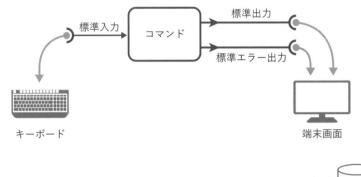

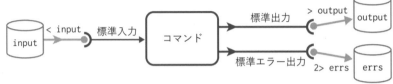

第**2**編 コマンドライン操作

2 入力のリダイレクト

通常はキーボードに接続されている標準入力を、リダイレクトによってファイルに切り替えることができる。**図2.4.7**は、/etc/services ファイル[1] から、文字列「pop3」を含む行を検索する例である。

図2.4.7 入力のリダイレクト

```
[op@centos ~]$ grep pop3 < /etc/services
pop3            110/tcp         pop-3           # POP version 3
pop3            110/udp         pop-3
pop3s           995/tcp                         # POP-3 over SSL
pop3s           995/udp                         # POP-3 over SSL
```

1) /etc/services ファイルは、ネットワークサービスが使用するポート番号を列挙するファイルである。

シェルのメタ文字「<」によって、標準入力のリダイレクトを指示している。なお、grep コマンドについては4-4で説明する。

3 出力のリダイレクト

図2.4.8に、出力のリダイレクトの例を示す。

図2.4.8　出力のリダイレクト

```
[op@centos ~]$ date                          ①現在時刻を表示する
2019年 11月 25日 月曜日 22:48:53 JST
[op@centos ~]$ date > now.txt                ②現在時刻をファイルに保存する
[op@centos ~]$ cat now.txt
2019年 11月 25日 月曜日 22:49:00 JST
[op@centos ~]$ date >> now.txt               ③現在時刻をファイルに追記する
[op@centos ~]$ cat now.txt
2019年 11月 25日 月曜日 22:49:00 JST
2019年 11月 25日 月曜日 22:49:19 JST
[op@centos ~]$ cat > nyname.txt              ④最も簡単なファイルの作成方法
Hiro Nagahara
[op@centos ~]$ cat myname.txt
Hiro Nagahara
[op@centos ~]$ ls -l /etc/ssh/ssh_host_rsa_key*    ⑤-1 2つのファイルの存在を確認する
-rw-r-----. 1 root ssh_keys 1675 10月 13 01:55 /etc/ssh/ssh_host_rsa_key
-rw-r--r--. 1 root root      382 10月 13 01:55 /etc/ssh/ssh_host_rsa_key.pub
[op@centos ~]$ cat /etc/ssh/ssh_host_rsa_key* > ssh_key_pair    ⑤-2 2つのファイルを
cat: /etc/ssh/ssh_host_rsa_key: 許可がありません                      1つにまとめる
[op@centos ~]$ cat ssh_key_pair
ssh-rsa AAAAB3NzaC1yc2EAAAADAQABAAABAQC/e6ADg8siqp+TjLd0ez3dcrEGne7bosxbH64znZqntuvTL1
1VYtWUlUlZdpvSQ9+nXkMGPBAqPSqNpfKsjAjMooXU5FNhRZKcih2kdcwg3k3vTI2qZphYTnbDpcyWKnKsmZe1
68+I3jQpdxayUr+TSIiTGHKG8+lVLtj9MkJ+N3d1jAs9AlQV4ToE4KPxeF76cDPQ27qWlbbJ12qBO/Jn9Mf7bd
O0tAo03vB0C1JQHRiq6u/9wlfao6RIro9LhBWFTJ9RhdxbbemGjI7x3x3dsUT9YZBGjWPbq32IzLiRTGoaP2VM
kcuizUdfmHcs67nI8LsXh/Cr6Vs2uGEeg0fV
[op@centos ~]$ cat /etc/ssh/ssh_host_rsa_key* > ssh_key_pair 2>&1
[op@centos ~]$ cat ssh_key_pair                  ⑥エラーメッセージも
cat: /etc/ssh/ssh_host_rsa_key: 許可がありません        ファイルに取り込む
ssh-rsa AAAAB3NzaC1yc2EAAAADAQABAAABAQC/e6ADg8siqp+TjLd0ez3dcrEGne7bosxbH64znZqntuvTL1
1VYtWUlUlZdpvSQ9+nXkMGPBAqPSqNpfKsjAjMooXU5FNhRZKcih2kdcwg3k3vTI2qZphYTnbDpcyWKnKsmZe1
68+I3jQpdxayUr+TSIiTGHKG8+lVLtj9MkJ+N3d1jAs9AlQV4ToE4KPxeF76cDPQ27qWlbbJ12qBO/Jn9Mf7bd
O0tAo03vB0C1JQHRiq6u/9wlfao6RIro9LhBWFTJ9RhdxbbemGjI7x3x3dsUT9YZBGjWPbq32IzLiRTGoaP2VM
kcuizUdfmHcs67nI8LsXh/Cr6Vs2uGEeg0fV
```

①dateコマンド

dateコマンドは、現在時刻を表示する。

②ファイルの上書き

シェルのメタ文字「>」に続けてファイル名を書くと、そのファイルに標準出力への出力が書き込まれる（上書きされる）。表示してファイル内容を確認しよう。

③ファイルの追記

文字列「>>」を使用すると、出力先として指定したファイルに、上書きではなく追記される。②と同様に、表示してファイル内容を確認しよう。

④catコマンド

catコマンドは、引数が指定されないときには、標準入力の内容をそのまま標準出力に送信する。名前を入力して、Ctrl-Dでファイルの終了を知らせると、入力した内容がリダイレクト先のファイルに書き込まれる。

⑤ファイルの整理

2つのファイルを取りまとめて、1つのファイルにしてみよう。文字「*」によって、一致するファイルが2つあることを確認する。catコマンドで2つを1つに取りまとめようとするが、秘密鍵ファイル[2]には読み出し権限がないため、エラーが表示される。また、リダイレクト先のファイルには、「.pub」が付く読み出し可能なファイルの内容のみが書き込まれている。

⑥エラーの取り込み

「> ssh_key_pair」によって標準出力をリダイレクトして、さらに「2>&1」を指定[3]すると、標準エラー出力に書き込まれた内容も同じファイルに書き込まれる。「2>&1」は、「2番の標準エラー出力を、1番の標準出力と同じファイルにまとめなさい」という意味になる。つまり、エラーがあっても、画面表示と同じ内容がすべてファイルに書き込まれることになる。頻繁に使用する書き方のため、イディオムとして覚えておこう。

なお、エラー出力を別のファイルに書き込みたい場合には、「2> filename」と書けばよい。

第2編 コマンドライン操作

2）公開鍵暗号でホストを識別するために使用するファイル。偽装されるとセキュリティ上問題があるため、一般ユーザーは読み出せない。

3）この際に文字「>」の前後に空白を入れてはいけない。

91

4-3 パイプ

リダイレクトの応用である「パイプ」は、いくつもの単純なコマンドを連動させる仕組みである。複雑な処理を行うための、非常に重要な機能である。

1 パイプの概念

Linuxでいうパイプ（pipe）とは、データの流れを複数のコマンド間でつなぐ、文字どおりの配管である（**図2.4.9**）。

図2.4.9　パイプの概念

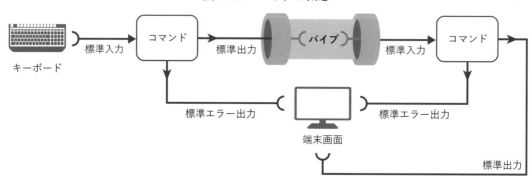

4-2で述べたリダイレクトと同様に、あるコマンドの標準出力を別のコマンドの標準入力につなぐことで、複数のコマンドで一連の処理を行うことができる。パイプもシェルの機能であり、それぞれのコマンドは、単純に標準入力を加工して標準出力に送るだけである。これこそが、GUIでは実現できない「CLIならではの強み」である。しっかりと使いこなせるようになろう。

パイプを利用するには、コマンドをシェルのメタ文字である「｜」で区切るだけである。先行するコマンドの標準出力が、後続のコマンドの標準入力に接続される。

2　パイプの実行例

　実用的な例は次節で示すため、簡単なパイプの実行例を見ていこう。

図2.4.10　パイプの実行例

```
[op@centos ~]$ echo '1234567890    ①
> abcdefghijklmnopqrstuvwxyz' |cat -n
     1  1234567890
     2  abcdefghijklmnopqrstuvwxyz
[op@centos ~]$ echo '1234567890    ②
abcdefghijklmnopqrstuvwxyz' |rev |cat -n
     1  0987654321
     2  zyxwvutsrqponmlkjihgfedcba
```

　図2.4.10①では、echoコマンドで2行を出力し、その標準出力をパイプでcat -nコマンドにつないでいる。catの-nオプションは、入力された行の先頭に行番号を付加して表示するのである。なお、クオートした文字列には改行を含むこともできるため、図2.4.10のようにechoコマンドで複数行を表示することもできる。

　パイプは多段に連続することもできる。②ではechoコマンドの出力を、行の文字列を逆順に出力するrevコマンドにパイプでつなぎ、さらにその出力をcat -nコマンドにつないでいる。

　また、図2.4.10には示していないが、パイプとリダイレクトを併用することも可能である。標準入力をリダイレクトすると、パイプの先頭のコマンドの入力に接続される。標準出力をリダイレクトすると、パイプの末尾のコマンドの出力が切り替えられる。

4-4 行の抽出と正規表現

パイプやリダイレクトで組み合わせて使用することが多いツールの1つとして、まず grep コマンドを紹介する。本節で紹介する、正規表現による文字列のパターンマッチは、さまざまなツールでも使われる重要な概念のため、しっかりと理解しよう。

1 該当行の抽出

パイプと組み合わせて使用する機会が多いコマンドはいくつかあるが、代表的なものが、指定したパターンを含む行のみを取り出す grep コマンドである。第1引数として検索したいパターンを指定し、第2引数以降に検索対象のファイルを指定する。ただし、ファイルが指定されないときは、標準入力を読み込む。図2.4.11に実行例を示す。

図2.4.11　grep コマンドの実行例

```
[op@centos ~]$ grep op /etc/passwd    ①
operator:x:11:0:operator:/root:/sbin/nologin
op:x:1000:1000:System Operator:/home/op:/bin/bash
[op@centos ~]$ grep http /etc/services |head -5 ②
#       http://www.iana.org/assignments/port-numbers
http            80/tcp          www www-http    # WorldWideWeb HTTP
http            80/udp          www www-http    # HyperText Transfer Protocol
http            80/sctp                         # HyperText Transfer Protocol
https           443/tcp                         # http protocol over TLS/SSL
[op@centos ~]$ grep http /etc/services |less    ③
#       http://www.iana.org/assignments/port-numbers
http            80/tcp          www www-http    # WorldWideWeb HTTP
http            80/udp          www www-http    # HyperText Transfer Protocol
http            80/sctp                         # HyperText Transfer Protocol
https           443/tcp                         # http protocol over TLS/SSL
    …途中省略…
multiling-http  777/udp                 # Multiling HTTP
netconfsoaphttp 832/tcp                 # NETCONF for SOAP over HTTPS
netconfsoaphttp 832/udp                 # NETCONF for SOAP over HTTPS
:   ◄────────  less のコマンド待ちプロンプト
```

図2.4.11①は、単純に文字列「op」を /etc/passwd ファイルから探すものである。②は、/etc/services ファイルから文字列「http」を含む行を探すものであるが、多数の行が含まれるため、head コマンド

にパイプでつなぎ、先頭の5行のみを表示したものである。③は、headコマンドではなくlessコマンドにつなぎ[1]、ページャーを使って全体をじっくりと見る場合の操作である。

1) 図のように、直前のコマンドの一部を修正する場合には、シェルの履歴機能を積極的に使用するとよい。

2　正規表現

図2.4.11では単純な文字列を指定したが、grepコマンドで「探し出す文字列」は、正規表現[2]と呼ばれる「パターン」で指定することができる。シェルでファイル名に展開するメタ文字と共通するものが多く、日常的によく使う機能である。図2.4.12に、主な正規表現のメタ文字を示す。

2) 英語では、regular expression。略してREと書かれることも多い。

図2.4.12　正規表現のメタ文字と意味

文字	意味
.（ピリオド）	任意の1文字に一致する
［］（カギ括弧）	・括弧内の文字のいずれかと一致する1文字 ・文字をハイフン「-」でつなぎ、途中の文字をまとめて指定することができる ・先頭に「^」を指定すると、意味が逆転して「いずれにも一致しない文字」になる
＋（プラス）※	直前に指定したパターンの1回以上の繰り返しに一致する
＊（アスタリスク）	直前に指定したパターンの0回以上の繰り返しに一致する
？（クエスチョン）※	直前に指定したパターンの0回または1回の繰り返しに一致する
｜（縦棒）※	「｜」で区切った文字列のいずれかに一致する
（　）（丸括弧）	パターンをグループ化して、ひとまとまりとして扱う
^（カレット）	行の先頭を示す
＄（ドル）	行の末尾を示す
＼（バックスラッシュ）	直後の1文字の意味を打ち消し、通常の文字として扱う（エスケープ）

なお、図2.4.12中の文字の「※」は、「拡張正規表現」と呼ばれ、grepコマンドに-Eオプション[3]を付けたときにのみ使用できるものである。

図2.4.13のfruits.txtに対して、いくつかのパターンでgrepコマンドを実行したときの結果を図2.4.14に示す。

さまざまなサンプルを試してみて、「なぜそうなるのか」という理

3) 正規表現と拡張正規表現を区別する必要はほとんどないため、実用上は、常に-Eオプションを付けると覚えておいてもよい。grep -Eと同じ意味になるegrepというコマンドもあるが、将来的には使われなくなると見込まれている。

由をよく考えてみることが、正規表現の操作習得の近道である。

図2.4.13　実行対象の例

apple
apricot
banana
blueberry
cherry
gourd
grape
guava
kiwi
lemon
lime
loguat
malon
mango
mangosteen
melon
navel
orange
papaya
peach
pear
persimmon
pinapple
plum
prune
raspberry
strawberry
watermelon

図2.4.14　grepコマンドの実行例

```
# aに挟まれた任意の1文字
[op@centos ~]$ grep 'a.a' fruits.txt
banana
guava
papaya

# oかrが2文字続く
[op@centos ~]$ grep '[or][or]' fruits.txt
blueberry
cherry
orange
raspberry
strawberry

# atに続き、eが1つ以上ある
[op@centos ~]$ grep -E 'ate+' fruits.txt
watermelon

# atに続き、eが0または1つある
[op@centos ~]$ grep -E 'ate?' fruits.txt
loguat
watermelon

# melonかberryを含む
[op@centos ~]$ grep -E 'melon|berry' fruits.txt
blueberry
melon
raspberry
strawberry
watermelon

# 先頭がmで、末尾がn
[op@centos ~]$ grep '^m.*n$' fruits.txt
malon
mangosteen
melon
```

3 grepコマンドのオプション

grepコマンドにも、さまざまなオプションが用意されている。頻繁に使用するものを**図2.4.15**に示す。

図2.4.15 grepコマンドのオプションと意味・動作

オプション	意味・動作
-E	拡張正規表現をパターンとして受け付ける
-G	標準正規表現をパターンとして受け付ける（デフォルト）
-i	大文字・小文字を同一の文字として扱う
-v	出力条件を逆にする。つまり、パターンに一致しない行を抽出する
-H	行の先頭にファイル名を付加する（複数ファイルを指定した時のデフォルト）
-h	行の先頭にファイル名を付加しない
-n	行の先頭に検索対象での行番号を付加する
-r	引数にディレクトリを指定して、再帰的にすべてのファイルを検索する

なお、grepコマンドの引数に複数のファイルを指定した場合は、出力する各行の先頭にファイル名が出力される。このため、キーワードを含むファイルを探すときにも便利に使うことができる。

4-5 列の操作

スプレッドシートのデータをCSVファイルにエクスポートして、テキストファイルとして処理することは比較的多いものである。CLIを使って一度に処理することができれば、業務の効率化も期待できる。表形式のデータから、列を操作するコマンドを習得しておこう。

1 フィールドの切り出し

まず、本節で使用する表形式のサンプルデータを提示する（図2.4.16）。各行の各列の値は、タブで区切られているものとする。ファイル名は、table.txtとしておく。

図2.4.16　表データの例

名前	国語	算数	理科	社会
ねずみ	10	32	68	45
うし	98	62	52	83
とら	55	98	89	72
うさぎ	60	78	28	52
たつ	84	60	60	78
へび	25	38	51	93
うま	44	73	42	68
ひつじ	77	33	48	89
さる	88	81	92	65
とり	38	55	55	59
いぬ	99	78	54	82
いのしし	61	49	63	59

特定の文字で区切られた行をフィールドに分割して、指定されたフィールドのみを抽出するには、cutコマンドを使用する。cutコマンドのデフォルトでは、タブが「フィールドの区切り文字」になっている。-fオプション[1] で出力するフィールドの番号をカンマで区切って指定する。1番目の名前の列、2番目の国語の列と5番目の社会の列を抽出してみよう（図2.4.17）。

1) 長い形式では、--fields。ハイフン「-」でフィールド番号をつなぎ、連続するフィールドを指定することもできる。たとえば、-f 1-5。

図2.4.17 cutコマンド実行例（タブ区切り）

```
[op@centos ~]$ cut -f 1,2,5 table.txt
名前       国語     社会
ねずみ     10       45
うし       98       83
とら       55       72
うさぎ     60       52
たつ       84       78
へび       25       93
うま       44       68
ひつじ     77       89
さる       88       65
とり       38       59
いぬ       99       82
いのしし   61       59
```

同じデータがCSVファイルの場合は、-dオプション[2]を指定して、区切り文字をデフォルトの「タブ」からカンマ「,」に変更する。今度は、3番目の算数と4番目の理科のデータを取り出してみよう。出力形式もオプションに連動して切り替わり、CSV形式での出力となる（**図2.4.18**）。

図2.4.18 cutコマンド実行例（カンマ区切り）

```
[op@centos ~]$ cut -d , -f 1,3,4 table.csv
名前,算数,理科
ねずみ,32,68
うし,62,52
とら,98,89
うさぎ,78,28
たつ,60,60
へび,38,51
うま,73,42
ひつじ,33,48
さる,81,92
とり,55,55
いぬ,78,54
いのしし,49,63
```

2) 長い形式では、--delimiter。シェルのメタ文字を指定する場合には、クオートする必要がある。

cutコマンドと同様に、特定の区切り文字で行をフィールドに分割して操作できるコマンドにsortコマンドがある。並び替えを行うコマンドであり、sortコマンドをオプションなしで起動すると、入力ファイルの各行を「文字列」とみなして文字コードの昇順にソート（並び替え）する。-nオプション[3]を指定すると、フィールドの値を数値として扱うことを指定し、-kオプション[4]で並び替えに使用するキーフィールド番号を指定する。前項と同じファイルを使った**図2.4.19**の例では、2番目の国語の列を指定している。

3) 長い形式では、
--numeric-sort。

4) 長い形式では、--key。

図2.4.19　sortコマンド実行例（タブ区切り）

```
[op@centos ~]$ sort -n -k 2 table.txt
名前        国語      算数      理科      社会
ねずみ       10       32       68       45
へび        25       38       51       93
とり        38       55       55       59
うま        44       73       42       68
とら        55       98       89       72
うさぎ       60       78       28       52
いのしし      61       49       63       59
ひつじ       77       33       48       89
たつ        84       60       60       78
さる        88       81       92       65
うし        98       62       52       83
いぬ        99       78       54       82
```

なお、sortコマンドのフィールド区切り文字は、デフォルトでは「空白文字」、つまり、「スペース」または「タブ」である。これをカンマに変更したいときは、-tオプション[5]で区切り文字を指定する。今度は4番目の理科の列をキーに指定してみよう（**図2.4.20**）。

5) 長い形式では、
--field-separator。

図2.4.20　sortコマンド実行例（カンマ区切り）

```
[op@centos ~]$ sort -n -k 4 -t , table.csv
名前,国語,算数,理科,社会
うさぎ,60,78,28,52
うま,44,73,42,68
ひつじ,77,33,48,89
へび,25,38,51,93
うし,98,62,52,83
```

```
いぬ ,99,78,54,82
とり ,38,55,55,59
たつ ,84,60,60,78
いのしし ,61,49,63,59
ねずみ ,10,32,68,45
とら ,55,98,89,72
さる ,88,81,92,65
```

3 テキスト操作のためのコマンド

4-4と本節で、テキストファイルを読み込んで、一部だけを取り出したり並び替えを行ったりするコマンドを紹介してきた。いずれも、それぞれの動作は単純なものである。4-6では、本節までのコマンドを、パイプを使って組み合わせることで、複雑なテキスト処理が行えることを示す。

なお、Linuxに備わっている、テキスト処理のための便利なコマンドは本書にあげたものに限らない。あまり使用機会が多くないものもいくつかあげておくので、興味があればマニュアルを参照してみるとよい。

①paste

cutコマンドとは反対に、行ごとに複数のファイルからフィールドをマージして1つのファイルとする。

②join

同じキーでソートされている複数のファイルから、同じキーをもつ行同士を結合して1つのファイルとする。

③uniq

ソートされているファイルから、同一の行を削除する。

④sed

Stream EDitorの略称で、行ごとに文字列の置換などの処理を行うことができる。高度な正規表現を使い、複雑な処理も可能である。

⑤awk

簡単なスクリプト言語を用いて、柔軟な文字列処理を記述できる。

4-6 表の操作

一部だけを取り出したり並び替えを行ったりするテキスト操作コマンドを理解したところで、これらをパイプで組み合わせて、より複雑な処理を行う方法を見ておこう。パイプのパワーを理解すると、LinuxのCLIが、より便利に感じられるはずである。

1 目標の定義

4-5で使用した、十二支の動物たちのテスト得点表（**図2.4.16**）を加工して、科目ごとの成績順をまとめた表を作ってみよう。つまり、最終目標は、次の**図2.4.21**を得ることである。

図2.4.21　ゴールの順位表

国語	算数	理科	社会
いぬ	とら	さる	へび
うし	さる	とら	ひつじ
さる	うさぎ	ねずみ	うし
たつ	いぬ	いのしし	いぬ
ひつじ	うま	たつ	たつ
いのしし	うし	とり	とら
うさぎ	たつ	いぬ	うま
とら	とり	うし	さる
うま	いのしし	へび	とり
とり	へび	ひつじ	いのしし
へび	ひつじ	うま	うさぎ
ねずみ	ねずみ	うさぎ	ねずみ

2 作業手順

作業手順を1つずつ説明していく。実行したコマンドの結果はリダイレクトを使ってファイルに書き込んでいくが、実際に実行してみるときは、まず、画面に結果を表示してからファイルに書き込んでいくとよい。それぞれのコマンドで何を行っているかが、よりよく理解できるだろう。

①タイトル行の退避

タイトル行があるとソートの妨げとなるため、一時ファイル「title.txt」に退避する。順位表に名前フィールドは不要のため、第2フィー

ルドから第5フィールドまでの学科名のみを取り出しておく。

```
grep '^名前' table.txt |cut -f 2-5 > title.txt
```

②国語の順位表の作成

　grepコマンドでタイトル行を取り除き、パイプでsortコマンドに送る。sortコマンドは、第2フィールド（国語）を数値キーとしてソートを行い、降順で出力する。出力を、さらにパイプでcutコマンドにつなぎ、第1フィールド（名前）のみを抽出して、リダイレクトで一時ファイル「国語順位.txt」に出力する。

```
grep -v '^名前' table.txt |sort -r -n -k 2 |cut -f 1 > 国語順位.txt
```

③算数の順位表の作成

　上記②と同様に、第3フィールド（算数）を数値キーとしてソートを行い、第1フィールド（名前）のみを抽出して、リダイレクトで一時ファイル「算数順位.txt」に出力する。

```
grep -v '^名前' table.txt |sort -r -n -k 3 |cut -f 1 > 算数順位.txt
```

④理科と社会の順位表を作成

　上記②と同様に、第4フィールド（理科）をキーとしてソートしたものを「理科順位.txt」、第5フィールド（社会）をキーとしてソートしたものを「社会順位.txt」として出力する。

```
grep -v '^名前' table.txt |sort -r -n -k 4 |cut -f 1 > 理科順位.txt
grep -v '^名前' table.txt |sort -r -n -k 5 |cut -f 1 > 社会順位.txt
```

⑤一時ファイルの結合

　pasteコマンドで、各科目の順位を記した4つの一時ファイルを列方向に結合する。catコマンドで、上記①で保存しておいたタイトル行と合わせて出力する。なお、catコマンドの第2引数に指定しているハイフン「-」は、ファイルとして標準入力をこの位置に取り込むことを意味している。ファイルの代わりに標準入力を使用することの指定に、引数として「-」を使用できるコマンドは大変多いため、覚えておくとよい。

```
paste 国語順位.txt 算数順位.txt 理科順位.txt 社会順位.txt | cat title.txt -
```

　以上の作成は簡単な例であったが、単純な動作を行うコマンドをパイプで連動させることで、複雑な処理を行えることは理解できたはずである。

5-1 Tarアーカイブの作成

一連のファイルをやり取りしたり、ある時点でのファイル群をバックアップしたりするなど、複数のファイルを1つにまとめておくことがよくある。1つにまとめたファイルをアーカイブと呼ぶ。

1 アーカイブの操作

Linuxで最も一般的に使われるアーカイブ（archive）形式は、操作するコマンド名から「**tar形式**」と呼ばれている。コマンド名はTape ARchiveの省略形であり、本来は磁気テープ装置上にファイル群を書き込むための形式である。データの圧縮は行われず、個々のファイルを単純に並べただけの形式である。

現在では、磁気テープ装置の使用自体がまれなため、1つの「tarアーカイブ」ファイルに対して、3種類の操作を行うことになる。

①作成（create）

複数のファイルを取りまとめて、1つのtarアーカイブファイルを作成する。動作モードc。

②一覧（list）

1つのtarアーカイブファイルに含まれるファイルの一覧を読み出して表示する。動作モードt。

③取り出し（extract）

1つのtarアーカイブファイルから、すべてのファイル、または、指定したファイルを取り出す。動作モードx。

tarアーカイブには、作成時のパス名[1] や所有者などの情報がそのまま記録されるため、取り出したときには元のハードディスク上の状態をそのまま復元できる。

1）通常は、アーカイブ作成時の作業ディレクトリからの相対パス名が記録される。

2　tarコマンドの書式

tarコマンドは、オプションの指定方法が非常に特殊である（**図2.5.1**）。

図2.5.1　オプションの指定方法

・オプションをすべてまとめて指定する。先頭はモード指定
・ハイフンは付けても付けなくてもよい

・最後に引数を並べる
・ここではcモードのためアーカイブに格納するファイル（ディレクトリ）名

・引数を持つオプションがあれば、その引数を並べる
・ここではfオプションの引数で、アーカイブファイルの名前

しかし、頻繁に利用するパターンは少なく[2]、そのパターンをしっかりと理解しながら試してみれば、すぐに覚えられるだろう。

例に示したオプションの先頭1文字（cかtかx）は、前項で述べた①〜③の動作モードである。オプションvはverbose（冗長）の意味で、アーカイブ処理中に対象ファイル名を画面に表示する。**図2.5.1**の最後のオプションfは、アーカイブのファイル名を指定するもので、次の「sample.tar」がfオプションに対する引数となる。

2）先頭にモード指定、続いてvなどのオプション、最後にアーカイブファイル指定のfオプションと覚えておけばよい。

3　tarアーカイブの作成

実行例を示していこう。まずは、アーカイブの作成である。作業ディレクトリにあるmyprojctディレクトリをアーカイブして、/var/tmp/sample.tarというファイルにまとめる。vオプションを指定しているため、アーカイブに収めたファイルの一覧が表示される（**図2.5.2**）。

図2.5.2　アーカイブの作成

```
[op@centos ~]$ tar cvf /var/tmp/sample.tar ./myproject
./myproject/
./myproject/table.csv
./myproject/table.txt
./myproject/title.txt
./myproject/fruits.txt
```

アーカイブに記録されるファイル名は、作成したときに指定したパスがそのまま使用されることに注意する。ディレクトリ名で指定する場合は、**図2.5.2**のように、アーカイブしたいディレクトリの1つ上の

ディレクトリに移動して、「./ディレクトリ名」を指定するのが一番
確実である。ディレクトリ名をアーカイブする必要がなければ、対象
ファイルがあるディレクトリに移動してから、シェルのワイルドカー
ド「*」を使うか、個々のファイルを指定する。

4　tarアーカイブの確認

　次に、作成した内容を確認してみよう。展開したいときに使いやす
いようにまとめるのがポイントである（図2.5.3）。

図2.5.3　アーカイブの確認

```
[op@centos ~]$ tar tvf /var/tmp/sample.tar
drwxrwxr-x op/op        0 2019-11-30 00:09 ./myproject/
-rw-r--r-- op/op      292 2019-11-28 13:40 ./myproject/table.csv
-rw-rw-r-- op/op      272 2019-11-28 18:38 ./myproject/table.txt
-rw-rw-r-- op/op       28 2019-11-28 23:57 ./myproject/title.txt
-rw-rw-r-- op/op      201 2019-11-27 22:38 ./myproject/fruits.txt
```

5　tarアーカイブの展開

　最後に、新規に作成したディレクトリに移動してから、アーカイブ
を展開する。アーカイブ内でのファイル名が「./」から始まるように
しておくと、展開時の作業ディレクトリの中にファイルが復元される
ため、後の操作が簡単になる。

図2.5.4　アーカイブの展開

```
[op@centos ~]$ mkdir newdir/
[op@centos ~]$ cd newdir/
[op@centos newdir]$ tar xvf /var/tmp/sample.tar
./myproject/
./myproject/table.csv
./myproject/table.txt
./myproject/title.txt
./myproject/fruits.txt
```

6　tarコマンドの注意点

　tarコマンドは、第4編2-1で説明するパーミッションなど、さまざ
まな「ファイルの属性」をそのまま保存できるため、個人用のファイ
ル/ディレクトリのバックアップにも利用されている。バックアップ
で一番大切なことは、確実にリストアができることである。

確実かつ簡単にtarアーカイブを展開できるように、アーカイブを
作成するときには以下の点に注意しておこう。

①ファイルやディレクトリを絶対パスで格納しない

tarコマンドでアーカイブを展開するときのデフォルトでは、格納
されているとおりのパスにファイルが作成される。絶対パスでアーカ
イブに格納されていると、同じ絶対パスでしか取り出せなくて苦労す
る[3] ことがある。後で使いやすいようにアーカイブを作成しておくの
が鉄則である。

②シンボリックリンクに注意する

シンボリックリンクをtarアーカイブに含めると、デフォルトでは
シンボリックリンク自体が格納されて、リンク先のファイル自体は格
納されない。GNUバージョンのtarコマンドでは、-hオプションを指
定するとリンク先のファイル自体がアーカイブされるようになる。
アーカイブの目的に応じて、適切なオプションを選択しよう。

③所有者名/グループ名も記録される

tarアーカイブには、第4編2-1で解説するファイルの所有者/グ
ループ情報やパーミッションなどの情報も含まれる。ただし、セキュ
リティ上、それらをアーカイブしたときと同じ状態に復元できるのは
rootのみである。

3) 多くのLinuxディスト
リビューションに含まれる
GNUバージョンでは-Cオ
プションを併用して、任意
のディレクトリに取り出す
ことができる。

第2編 コマンドライン操作

5-2 ファイルの圧縮と伸長

アーカイブファイルは一般的にサイズが大きくなるため、日常的に、数学的な処理でサイズを圧縮してから伝送したり長期保存したりすることが行われている。計算機の高性能化にともなって、圧縮技術も進化している。

1 圧縮ファイルの種類

Linuxで一般的に使用できる圧縮・展開ツールの特徴と、慣例的に使われるファイル名を図2.5.5にまとめておく。下部のものほど新しく、圧縮能力が高いものとなる。

図2.5.5　圧縮・展開ツールの特徴

ツール名	アーカイブ機能	ファイル名	tar連携	備考
compress	×	.Z	-Z	圧縮率が低いため、現在、ほとんど使われていない
zip / unzip	○	.zip	連携なし	Windowsなどでも、標準でサポートされる
gzip / gunzip	×	.gz	-z	現在、最も標準的に使われている
bzip2 / bunzip2	×	.bz2	-j	Linuxカーネルの圧縮などに、標準的に使われている
xz / unxz	×	.xz / .lzma	-J	圧縮率が高いため、サポート範囲が広がりつつある

2 zipコマンド

zip形式のアーカイブは、WindowsやmacOSでも標準サポートされていることから、使用する機会も多いはずである。他のコマンドとは異なり、アーカイブ機能と圧縮機能が1つのコマンドに内蔵されている。ただし、Linux独自のファイル所有者やパーミッションといった情報は保存できない。また、古い実装では4GBを超えるファイルが扱えないといった制限があるため、他のOSとの間で簡単なデータをやり取りするときなど、カジュアルな利用にとどめておいたほうがよい。

zipコマンドでアーカイブを作成し、作成した内容を確認する例を図2.5.6に示す。

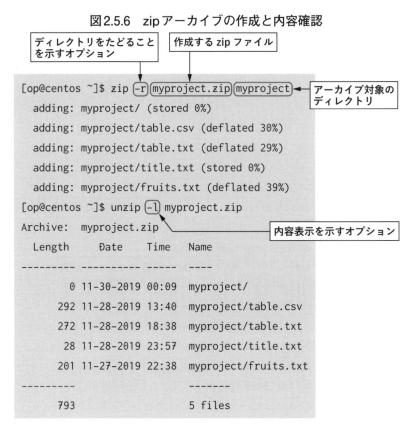

図2.5.6　zipアーカイブの作成と内容確認

アーカイブの作成にはzipコマンドを、既存のアーカイブファイルを操作するにはunzipコマンドを使用する。unzipコマンドにオプションを指定しない場合は、作業ディレクトリに内容を展開する。

3　gzipコマンドによる圧縮

　gzip、bzip2、xzなどのコマンドは、古くから存在したcompressコマンドの改良版として作られた経緯から、基本的な動作やオプションは共通している。このため、1つの使い方を覚えれば十分である。いずれも、圧縮・伸張専用のツールであり、通常は、tarコマンドで作成したアーカイブを扱うことが多い。このため、tarコマンドは、内部にgzipなどの圧縮・伸張コマンドをパイプ経由で呼び出すオプションを備えている。

　図2.5.7に実行例を示す。

第2編　コマンドライン操作

図2.5.7　圧縮の実行例

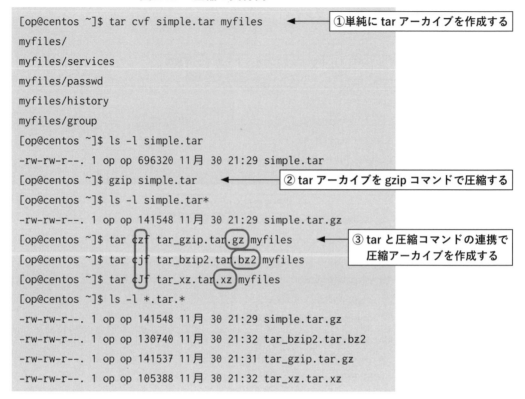

```
[op@centos ~]$ tar cvf simple.tar myfiles          ←①単純に tar アーカイブを作成する
myfiles/
myfiles/services
myfiles/passwd
myfiles/history
myfiles/group
[op@centos ~]$ ls -l simple.tar
-rw-rw-r--. 1 op op 696320 11月 30 21:29 simple.tar
[op@centos ~]$ gzip simple.tar                     ←②tar アーカイブを gzip コマンドで圧縮する
[op@centos ~]$ ls -l simple.tar*
-rw-rw-r--. 1 op op 141548 11月 30 21:29 simple.tar.gz
[op@centos ~]$ tar czf tar_gzip.tar.gz myfiles     ←③tar と圧縮コマンドの連携で
[op@centos ~]$ tar cjf tar_bzip2.tar.bz2 myfiles      圧縮アーカイブを作成する
[op@centos ~]$ tar cJf tar_xz.tar.xz myfiles
[op@centos ~]$ ls -l *.tar.*
-rw-rw-r--. 1 op op 141548 11月 30 21:29 simple.tar.gz
-rw-rw-r--. 1 op op 130740 11月 30 21:32 tar_bzip2.tar.bz2
-rw-rw-r--. 1 op op 141537 11月 30 21:31 tar_gzip.tar.gz
-rw-rw-r--. 1 op op 105388 11月 30 21:32 tar_xz.tar.xz
```

①tarアーカイブの作成

　まず、tarアーカイブを作成する。作成されたtarアーカイブのサイズが696,320バイトである。

②tarアーカイブの圧縮

　作成されたtarアーカイブを、gzipコマンドで圧縮する。1つのファイルだけを指定した場合、指定したファイルを圧縮して、ファイル名の末尾に「.gz」を付けることで圧縮ファイルであることを明示する。圧縮前の元ファイルは削除される。内容はテキストファイルばかりであるため、圧縮が効果的に働いて、サイズが141,548バイトと約5分の1になっている。

③圧縮tarファイルへの書き込み

　tarコマンドに埋め込まれている連携機能を使って、アーカイブを作成すると同時に圧縮ファイルへの書き込みを行ってみよう。前々項の図2.5.5に示したオプションを付加すると、オプションに応じた圧縮コマンドを呼び出して、圧縮済みのアーカイブを直接出力する。-fオプションで指定する出力ファイル名は、指定したものがそのまま使われるため、慣例に従って正しい文字列を付加する。圧縮方法の違いにより、作成された圧縮アーカイブのサイズが異なることにも着目しよう。

4 gzipコマンドによる伸張

　圧縮ファイルの伸張には、gzipであればgunzipコマンドを、bzip2であればbunzip2コマンドを、xzコマンドであればunxzコマンドを使用する。または、圧縮コマンドに-dオプション[1]を指定し、引数にアーカイブファイルのみを指定した場合は、圧縮コマンドのときと同様に、元の圧縮ファイルを削除して伸張したファイルのみが残される。その場合、ファイル名末尾に「.gz」など所定の文字列が付いていれば、自動的に削除される。また、-cオプション[2]を指定すると、伸張したファイルが標準出力に送られるため、パイプを使って任意の処理プログラムに送り込むことも可能である。

　tarコマンドとの連携によって、圧縮アーカイブを一度に展開することもよく行われる。一度に展開する場合も、tモード（一覧表示）やxモード（展開）のtarコマンドに、本節の**図2.5.5**に示したオプションを追加するだけでよい[3]。

　実行例を**図2.5.8**に示す。

1) 長い形式では、
--decompressまたは
--uncompress。

2) 長い形式では、
--stdout。

3) アーカイブファイル名の末尾に圧縮ファイルを示す文字列がある場合、圧縮オプションの代わりにaオプションを指定すると、適した圧縮形式が自動選択される。

図2.5.8　伸張の実行例

```
[op@centos ~]$ ls -l simple.tar.gz
-rw-rw-r--. 1 op op 141548 11月 30 21:29 simple.tar.gz
[op@centos ~]$ gunzip simple.tar.gz          ← 単純に圧縮ファイルを伸張する
[op@centos ~]$ ls -l simple.tar*
-rw-rw-r--. 1 op op 696320 11月 30 21:29 simple.tar
[op@centos ~]$ gunzip -c tar_gzip.tar.gz |tar tvf -   ← 伸張結果を標準出力に送り、パイプでtarコマンドにつないで処理する
drwxrwxr-x op/op      0 2019-11-30 21:23 myfiles/
-rw-r--r-- op/op 670293 2019-11-30 21:20 myfiles/services
-rw-r--r-- op/op   2383 2019-11-30 21:20 myfiles/passwd
-rw------- op/op  15801 2019-11-30 21:22 myfiles/history
-rw-r--r-- op/op   1002 2019-11-30 21:23 myfiles/group
[op@centos ~]$ tar tzvf tar_gzip.tar.gz       ← tarと伸張コマンドの連携で圧縮アーカイブを展開する
drwxrwxr-x op/op      0 2019-11-30 21:23 myfiles/
-rw-r--r-- op/op 670293 2019-11-30 21:20 myfiles/services
-rw-r--r-- op/op   2383 2019-11-30 21:20 myfiles/passwd
-rw------- op/op  15801 2019-11-30 21:22 myfiles/history
-rw-r--r-- op/op   1002 2019-11-30 21:23 myfiles/group
```

第2編　コマンドライン操作

6-1 テキストエディタnano

テキストファイルの操作方法を覚えたところで、本格的なテキストエディタの操作を覚えよう。GUI環境では、「メモ帳」などと呼ばれ、簡易的なツールという印象があるが、CUI環境では、最も多用する重要なツールである。

1 nanoエディタの特徴

Linuxには、何種類ものエディタが用意されているが、CLI環境で最も簡単だといわれているのが「nano（ナノ）」である。画面上に常に表示されているメニューにコマンドが表示されており、矢印キーで直感的にカーソルを移動して編集作業が行える。一方、本格的に文書を書く、あるいは、プログラムを書くといった用途には、機能が単純すぎてものたりない。

nanoを起動するには、引数に編集したいファイル名を指定するのが一般的である。**図2.6.1**の例では、ファイル/etc/nanorcを作業ディレクトリにコピーして、「nano nanorc」コマンドで起動した画面を示している。

図2.6.1 「nano nanorc」コマンドの起動画面

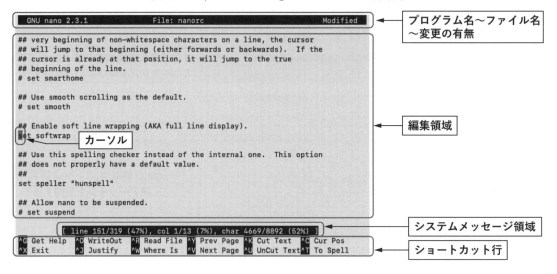

画面最下部に使用可能なコマンドの一覧が表示され、頻繁に行う操作のキー割り当てがひと目でわかるようになっている。この使用可能なコマンドを、nanoではショートカットと呼んでいる。

2　nanoエディタのキー操作

　nanoのコマンドはすべてキーに割り当てられており、一連のキーボード操作でコマンドが実行される。**図2.6.2**に主なキー操作を示す。

図2.6.2　コマンドキーと機能・動作

	コマンドキー	機能・動作
カーソル移動	Ctrl-F　→	カーソル右移動
	Ctrl-B　←	カーソル左移動
	Ctrl-P　↑	カーソル上移動
	Ctrl-N　↓	カーソル下移動
	Ctrl-A	カーソルを行の先頭に移動
	Ctrl-E	カーソルを行の末尾に移動
	Ctrl-Y　F7	1ページ戻る
	Ctrl-V　F8	1ページ進む
	M-|（縦棒） M-\（バックスラッシュ）	ファイルの先頭に移動
	M-/（スラッシュ） M-?	ファイルの末尾に移動
	Ctrl-_　M-G	指定の行番号に移動
削除	BackSpace　Ctrl-H	カーソル左側の文字を削除する
	DEL　Ctrl-D	カーソルのある文字を削除する
検索と置換	Ctrl-W　F4	・文字列（正規表現）の検索。検索文字列を問われる ・検索文字列入力中にM-Rを入力すると、文字列検索と正規表現検索が切り替わる ・検索文字列入力中にM-Bを入力すると、前方検索と後方検索が切り替わる
	M-W	直前の検索を繰り返す
	Ctrl-W + Ctrl-R　M-R Ctrl-¥	文字列の置換。検索文字列と置換後の文字列を問われる
カット&ペースト	Ctrl-^　M-A	カーソル位置にマークをつける、または、マークを削除する（押すたびに切り替わる）
	Ctrl-K　F9	マークからカーソルの前まで、または、マークがない場合には、カーソルのある行全体をカットして、カットバッファに格納する

	コマンドキー	機能・動作
カット&ペースト	M-^	マークからカーソルの前まで、マークがない場合には、カーソルのある行全体をコピーして、カットバッファに格納する
	Ctrl-U　F10	カーソル位置にカットバッファの内容を挿入する
ファイル操作	Ctrl-O　F3	ファイルへの書き込み。現在のファイル名をデフォルト値としてファイル名を問われる
	Ctrl-R　F5	カーソル位置にファイルを挿入する。ファイル名を問われる
その他	Ctrl-G　F1	ヘルプの表示
	Ctrl-X　F2	nanoの終了

　1-2で述べたように、「Ctrl-P」はコントロールキーを押しながら「P」のキーを押すことを示している[1]。また、**図2.6.2**の「M-^」といった記述は、ESC（エスケープ）キー[2]を押してから「^」のキーを押すことを示している。いずれも、LinuxのCLI操作ではよく使われる表現のため覚えておこう。

　単純なカーソルキーの移動操作は矢印キーでも行え、シェルの履歴編集と同じであるため、難しくはないだろう。一方、検索とカット＆ペーストの操作は少々複雑である。特に、マークを使って一連の文字列を選択し、カットまたはコピーする操作は慣れないとわかりにくい。選択したい文字列の先頭または末尾で、マークコマンド（コントロールと「^」、または、ESCに続けて「A」）を入力すると、ステータス行に「Mark Set」と表示され、選択モードに入る。以後、カーソルを移動すると、マークとの間の文字が強調表示に変わり、選択中であることが示される。必要な部分を選択したら、カットコマンド（コントロールと「K」、または、ファンクションキー9）、あるいは、コピーコマンド（ESCに続けて「^」）を入力すると、選択部分がカットバッファ（クリップボード）に記録されて、選択モードが終了する。なお、ステータス行は変わらない。続いて、カットまたはコピーした文字を挿入したい箇所にカーソルを移動し、ペーストコマンド（コントロールと「U」、または、ファンクションキー10）を入力すると、カットバッファの内容が挿入される。文章だけではわかりにくいため、検索コマンドとともに、実際に操作を行い、結果を確認してみよう。

1）Ctrl-Pを簡易的に^Pと表記することもある。

2）MはMeta（メタ）キーを示す。キーボードによっては、ALTキーを押しながらもう1つのキーを押すものもある。

3　動作のカスタマイズ

　nanoに限らず、Linuxのエディタや多くのアプリケーションは、個人用の設定ファイルで動作を調整することができるものが多い。**図2.6.1**で取り上げた/etc/nanorcファイルは、デフォルトで使用されるnanoの設定ファイルである。ファイルを自分のホームディレクトリに「.nanorc」というファイル名で保存すると、nanoが起動したときに自動的に読み込まれる。使いこなせるようになったら、マニュアルと設定ファイルに書かれたコメントを参照して、自分好みの動作に変更することにも挑戦してみよう。

6-2 テキストエディタvi

Linuxでのテキストエディタの「標準」は、vi（ヴィアイ）エディタである。viには、CUI用のエディタとしての長い歴史に裏づけられた確かな工夫が詰まっていて、今日でも愛用者が多い。viを使いこなせる力が、Linuxへの習熟度を示すといえるほどである。

1　viの特徴

viというコマンド名は、VIsual editorの省略形である。2次元に広がる「画面」すべてを使って編集作業を行う、最古のエディタの1つである。GUIのエディタに慣れた人には、ややわかりにくい操作体系であるが、3つのモードとコマンドの組み立てを理解すると、応用的な操作も直感的に行えるようになる。長い年月にわたって使い続けられているエディタだけの理由がある。また、viコマンドは、特殊なもの以外のすべてのLinux/UNIXに標準コマンドとして搭載されており、「どこでもすぐに使える」ことも大きなメリットである。

なお、現在のLinuxで使われているviエディタは、改良版であるvim（Vi IMproved editor/VIを改良したエディタ）であることが多い。つまり、viコマンドを起動しても、実際には、vimコマンドが起動する[1]。viコマンドを起動して、「VIM - Vi IMproved」というタイトルが表示されれば、起動されているのはvimである。

まず、「:q」と入力してReturnを押せば、プログラムが終了することだけ覚えておこう。

1) ディストリビューションによっては、vimではない「viの改良版」コマンドのこともある。

2　viのモード

まず、viには以下の3つのモードがあることを理解して、各モードでの操作を覚えていくことが最もわかりやすい[2]。

①ノーマルモード

主にファイルを見るモードで、ナビゲーションモードあるいはコマンドモードとも呼ばれる。カーソルを移動したり、ページ単位でのスクロールを使ったりして、ファイルの任意の位置のテキストを表示する。

②入力モード

カーソル位置に文字を入力するモードで、入力した内容はファイルに書き込まれる。エスケープ（ESC）キーの入力で、上記①のナビゲーションモードに戻る。

③コマンドラインモード

文字列の置換や別ファイルの読み込み・書き出しなどのコマンドを

2) 互換プログラムの存在などにより、モードの数や呼び方には諸説がある。本書ではvimでの呼び方を使用している。

実行するモード。コマンドの実行が終わると、自動的に上記①のノーマルモードに戻る。

　①〜③のうち、中心となるのはノーマルモードである。コマンド起動時にはノーマルモードになり、開いたファイルの先頭にカーソルが置かれる。

3　チュートリアルの利用

　使っているLinuxにvimがインストールされている場合、通常、vimのコマンドを覚えるための自習用ドキュメントも一緒にインストールされている。コマンド「vimtutor」を実行してみよう。**図2.6.3**の画面が表示されたら、説明に従ってチュートリアルを使ってみよう。

　実行後、英語版のチューターが起動するようであれば、引数に日本語を意味する「ja」を付け、「vimtutor ja」として起動すれば、日本語版が表示される。チューターは、実際にvimを起動して、チューターのドキュメントファイルを編集しているだけであるが、ステップバイステップで主要な操作方法を適度に解説している。所要時間は30分ほどのため、チューターを体験してから本書の学習に戻るとよい。

　次節からは、チューターの内容から、利用頻度が最も高いコマンドや最も重要な概念をまとめていく。チューターを終え、本書をリファレンスとして利用すると、いっそう理解が進むことだろう。

図2.6.3　チュートリアルの自習用ドキュメント

```
===============================================================================
=    V I M 教 本 （ チ ュ ー ト リ ア ル ） へ よ う こ そ    ―  Version 1.7    =
===============================================================================

    Vim は、このチュートリアルで説明するには多すぎる程のコマンドを備えた非常
に強力なエディターです。このチュートリアルは、あなたが Vim を万能エディ
ターとして使いこなせるようになるのに十分なコマンドについて説明をするよう
なっています。

    チュートリアルを完了するのに必要な時間は、覚えたコマンドを試すのにどれだ
け時間を使うのかにもよりますが、およそ25から30分です。

    ATTENTION:
    以下の練習用コマンドにはこの文章を変更するものもあります。練習を始める前
にコピーを作成しましょう（"vimtutor"したならば、既にコピーされています）。

    このチュートリアルが、使うことで覚えられる仕組みになっていることを、心し
ておかなければなりません。正しく学習するにはコマンドを実際に試さなければ
ならないのです。文章を読んだだけならば、きっと忘れてしまいます！

    さぁ、Capsロック（Shift-Lock）キーが押されていないことを確認した後、画面に
レッスン1.1 が全部表示されるところまで、j キーを押してカーソルを移動しま
しょう。
```

6-3 viエディタのノーマルモード

本節では、viのノーマルモードについて、主要なコマンドを紹介していく。実際にファイルを開いて、すべてのコマンドを実行してみるとよい。エディタ操作は、何よりも「実行してみる」ことが重要である。

1 ノーマルモード

viが起動すると、まず、ノーマルモードに入る。ノーマルモードでは、カーソルを移動したり、画面をスクロールさせたりして、ファイルの任意の位置を見ながら、編集作業を行っていく。図2.6.4に示すように、基本的なものだけでも非常に多くのコマンド（キー割当）があり、これらのコマンドを駆使しながら編集を行っていくことになる。

図2.6.4　コマンドキーと機能・動作

	キー		動作・機能	カウント
カーソル移動	h	←	カーソルを左に移動する	○
	j	↓	カーソルを下に移動する	○
	k	↑	カーソルを上に移動する	○
	l	→	カーソルを右に移動する	○
	b		カーソルを1ワード前に移動する	○
	w		カーソルを1ワード後ろに移動する	
	0	^	カーソルのある行の先頭に移動する	
	$		カーソルのある行の末尾に移動する	
	G		カウントで指定した行に移動する。カウントが無指定の場合はファイルの末尾	○
	gg		ファイルの先頭に移動する	
	m		・続く1文字を名前とするマーク（ラベル）を定義する ・マークの名前にはアルファベットが使用でき、大文字・小文字は区別される ・マーク名「'」（クオート）は、「直前の位置」としてジャンプなどの際に自動的にセットされる	
	'		続く1文字を名前とするマーク（ラベル）の位置に移動する	

	キー	動作・機能	カウント
スクロール	Ctrl-F	1画面分後方に向かってスクロールする	
	Ctrl-D	半画面分後方に向かってスクロールする	
	Ctrl-B	1画面分先頭に向かってスクロールする	
	Ctrl-U	半画面分後方に向かってスクロールする	
モード変更	i（小文字）	カーソル位置で挿入モードに入る	
	a	カーソルの後ろに移動して挿入モードに入る	
	o	カーソルのある行の後ろに行を挿入してから挿入モードに入る	
	O	カーソルのある行の前に行を挿入してから挿入モードに入る	
	I（大文字）	カーソルのある行の先頭に移動してから挿入モードに入る	
	A	カーソルのある行の末尾に移動してから挿入モードに入る	
	:	コマンドラインモードに入る	
削除	x	カーソル位置の1文字を削除する	○
	d	・続く1文字で指定する範囲を削除する。削除したテキストは、カットバッファに格納される 　・w - カーソルのある位置から次のワードの先頭まで 　・e - カーソルのある位置のワードの末尾まで 　・$ - カーソルのある位置から行末まで 　・d - カーソルのある行全体	○
	c	・続く1文字で指定する範囲を削除して、挿入モードに入る 　・w e - カーソルのある位置のワード 　・^ - 行頭からカーソルの左側文字まで 　・$ - カーソルのある位置から行末まで	
	J	カーソルがある行と、次の行を結合する（行末記号を削除する）	
置き換え	r	カーソル位置の1文字を、続く1文字で置き換える	○
	R	挿入モードに入るが、カーソルがあった行の行末までの文字は上書きされる	

	キー	動作・機能	カウント
取り消し	u	直前の操作を取り消す。リピート可能	
検索	/	ステータス行で検索したい文字列を入力し、ファイル末尾に向けて検索し、見つけたらその先頭にカーソルが移動する	
	?	ステータス行で検索したい文字列を入力し、ファイル先頭に向けて検索し、見つけたらその先頭にカーソルが移動する	
	n	直前の検索を繰り返す（同じ方向）	
	N	直前の検索を繰り返す（逆方向）	
カット・コピー&ペースト	v	文字列を選択するためのビジュアルモードに入る。カーソルを移動すると、選択部分が強調表示される。途中でビジュアルモードから抜けるには、ESCを2回入力する	
	y （yank）	・ビジュアルモードでは、選択部分をカットバッファにコピーする ・ビジュアルモードでなければ、続く1文字で指定する範囲をカットバッファにコピーする 　・we - カーソルがあるワードの末尾まで 　・^ - カーソルがある行の行等まで 　・$ - カーソルがある行の行末まで 　・y - カーソルがある行全体	
	p （paste）	カットバッファの内容を、カーソルの後に貼り付ける（文字列単位あるいは行単位）	○
	P	カットバッファの内容を、カーソルの前に貼り付ける（文字列単位あるいは行単位）	○
その他	Ctrl-G	カーソルの現在位置をステータス行に表示する（行番号とカラム番号）	
	ZZ	変更点を保存し、エディタを終了する	

　図2.6.4の左端は、機能の大まかな分類を示している。「キー」の欄は、コマンドを実行するために割当てられているキーを示している。1-2で述べたとおり、「Ctrl-」は、コントロールキーを押しながら続く文字を押すことを示している。viでは、原則として1文字目がコマンドであり、続く2文字目で1文字目のコマンドの作用範囲を指定するものがいくつかある。d、c、yなどである。また、一部のコマンドでは、コマンド文字の前に数値を指定できるものがある。「カウント」

欄が「○」のコマンドが、その数値を指定できるものである。数値の入力中は画面への表示などが行われないが、コマンドキーを入力すると、同じコマンドの実行が、数値で指定した回数繰り返される。たとえば、「10x」と入力するとカーソル位置から10文字が削除され、「5dd」と入力すると5行が削除される。

　特に多用するのが、カーソル移動の4文字「h、j、k、l」である。特に意味づけがあるわけではなく、右手のホームポジションにある4文字が割り当てられている。この割り当てを体で覚えると、viが長く使われてきた理由が理解できるだろう。多くのコマンドがあるが、ひと通り実際に動作を確認してみて、慣れるまではリストを手元に置いておくとよい。現在では、端末ウィンドウの中でGUIによるカット＆ペーストもできるが、y（yank/引っ張る）とp（paste/貼り付け）を覚えて、キーボードだけで操作できるようになることが重要である。

2　よく使うイディオム

　ノーマルモードでは、一連のコマンドを連続して実行することで、便利な（よく使う）機能となるものがある。一種のイディオム（慣用句）として覚えておくとよいものを紹介する。

①カーソル位置の文字と次の文字を入れ替える　xp
②カーソルがある行と次の行を入れ替える　yp
③ファイルを書き込んで終了する　:wq

3　入力モード

　入力モードは、文書やプログラムを作成しているときに最も長い時間使用するモードである。とはいえ、難しいことはなく、入力した文字がそのままファイルに書き込まれていくだけである。入力モードを抜けてノーマルモードに戻るときは、ESC（エスケープ）キーを押す。

第**2**編　コマンドライン操作

6-4 viエディタのコマンドラインモード

viの最後の説明は、コマンドラインモードである。コマンドラインモードは非常に奥深いのだが、初心者が必要とする機能はわずかである。

1　ラインエディタ ex

　viのノーマルモードでコロン「:」を入力すると、画面の最下行に「:」が表示され、入力待ちの状態になる。入力待ちの状態で使用できるコマンドは、「ex」という「ラインエディタ」のコマンド[1]である。ラインエディタは、入出力に電動タイプライタを使用していたころに、次の①〜③を繰り返しながらファイルの編集を行うために使われたツールである。想像がつかないかもしれないが、その頃はプログラムを紙に印刷して、紙に向かって赤ペンでデバッグし、終わったら変更点を入力する、という作業を繰り返していたのである。

①変更したい行に移動する→その行が印字される
②上記①の行を変更するコマンドを投入する
③変更後の1行が印字される

　もちろん、現在ではほとんど使われていないが、多くのファイルから定型的な部分を変更するといった作業のために、まれにスクリプトの中で使用されることがある。

1) exコマンドもほぼすべてのLinuxに含まれていて、単体で起動することもできる。

2　コマンド

　ノーマルモードで「:」を入力すると、最下部のステータス行にプロンプト「:」が表示されて、コマンド受付状態になる。ここで入力できる主なコマンドを、図2.6.5に示す。

図2.6.5　コマンドラインモードのコマンド

	コマンド	動作・機能	範囲指定
ファイル操作	r	ファイル名を指定して、カーソル位置に挿入する	
	w	ファイル名を指定して保存する。ファイル名を省略すると現在のファイルに保存する	○
	e	別のファイルを開いて編集する。ファイル名を指定しない場合は、現在開いているファイルを再読み込みする	
置換	s	・s/検索文字列/置換文字列/オプション ・オプションなし - 行で最初に現れた「検索文字列」のみ ・g - 行に含まれるすべての「検索文字列」 ・c - 対話的に置換を行う ※詳細は本文参照	○
その他	help	ヘルプを表示する（デフォルトでは英語版）	
	!	外部コマンドを実行する	○
	q	プログラムを終了する	

　表の右端「範囲指定」に○が付いたコマンドは、コマンドに先立って操作対象の「範囲」を示す文字列を置くことができる。「範囲」の書き方にはいくつかのパターンがあるが、重要なものは次のとおりである。

①現在行

　ピリオド「.」は現在行、つまり、カーソルがあった行を示す。

②特定の行

　数値（たとえば「12」）は行番号を示す。また、文字「$」は最終行を示す。

③特定の行範囲

　2つの数値をカンマ「,」で区切ったもの（たとえば「5,11」）は、行番号が範囲内の複数行を示す。

④すべての行

　文字「%」はすべての行、つまり、ファイル全体を示す。

3　置換コマンド

　特に頻繁に使用する機会がある「置換」コマンドは、例をあげなが

ら説明しよう。コマンド「s/abc/ABC/g」は、カーソルのある行に含まれるすべての「abc」を「ABC」に置き換える。「abc」が検索文字列に、「ABC」が置換文字列にあたる。ここで、「検索文字列」には、4-4で説明した正規表現を使うことができる。

　この置換操作をファイル全体で行いたい場合は、コマンドの前に範囲を指定して、「%s/abc/ABC/g」あるいは「0,$s/abc/ABC/g」と書けばよい。

　なお、置換（s）コマンドに含まれる3つの区切り文字として、通常は「/」を使用するが、3文字が揃っていればどの文字でも使用できる。たとえば「s#abc#ABC#g」と書くこともできる。検索文字列、あるいは置換文字列に「/」が含まれる場合には、区切り文字を別の文字に変更すると、「/」をエスケープする必要がなくなり読みやすくなる。

4　文字「!」の使用

　文字「!」は、2つの意味で使用する。1つは、wコマンドやqコマンドで、強制実行を指示するものである。たとえば、ファイルが変更されているにも関わらずqコマンドを実行すると、「まだ書き込んでいない」との警告が表示される。そこで、「q!」と指定すると、警告なしにviが終了する。

　もう1つは、viエディタを終了せずに、別のコマンドを実行する、コマンドとしての「!」である。比較的よく使用するパターンをまとめておく。

①単純なコマンド実行

　文字「!」に続けてコマンドを指定すると、viの実行を一時停止してコマンドを実行し、結果を表示する。コマンド終了後、Returnを入力するとviに戻る。たとえば、!ls -l（作業ディレクトリ内のファイル一覧を確認する）となる。

②コマンド実行結果を編集中のファイルに取り込む

　rコマンドと!コマンドを組み合わせることで、コマンドからの出力をカーソル位置に挿入する。たとえば、r!date（日時を挿入する）となる。

③編集中のファイルにフィルタ処理を行う

　!コマンドに範囲指定を追加することで、指定した範囲を標準入力としてコマンドを実行し、指定した範囲をコマンドの出力で置き換える。たとえば、%!sort（編集中のファイルをソートする）となる。

5　オプションの調整

　viは非常に多機能なエディタであり、動作を好みに合わせて調整するいくつものオプションを設定することができる。多くのオプションがあるのだが、よく使われる簡単なオプションを数個のみ紹介しておこう。図2.6.6に、コマンドモードのsetコマンドで指定できるオプションを示す。

図2.6.6　setコマンドのオプション

コマンド	動作・機能
set number	行番号を表示する
set nonumber	行番号を非表示にする
set ts=文字数	タブの文字数（カラム数）をセットする

第**2**編

コマンドライン操作

7-1 スクリプトの構造と実行方法

CLIの最大の長所は、いくつかのコマンドを組み合わせて実行するための「スクリプト」を作成できることだ。簡単なスクリプトを作成できるだけでも、操作可能範囲が大幅に広がる。

1 シェルの本質

　1-1では、シェルを「ユーザーの入力操作を補助してくれる」プログラムと紹介した。本節で、改めてシェルをきちんと理解しておこう。「シェル（shell）」は「貝殻」などの意味をもつ単語であり、OS本体、すなわちLinuxカーネルを完全に包み隠して、外界とのやり取りをすべて担う[1]ことから、この名前が付いている。

　シェルは、長い歴史をもつプログラムであり、さまざまなものが開発・利用されてきた。現在のLinuxで使える主なシェルを**図2.7.1**に示す。

1) 意味的には、WIndowsのExplorerやmacOSのFinderも「シェル」の一種といえる。

図2.7.1　シェルのコマンドと特徴

コマンド	特徴
sh	正式名称はBourne Shellといい、「Bシェル」とも呼ばれる。初期のUNIXにおいて登場して、現在のシェルの原型となった。基本的な機能はカバーしており、軽量でLinux以外のシステムでも利用できるため、現在もスクリプト実行用に広く使われている。
csh	BSD（Berkelay Software Distribution）版UNIX用に作成されたシェル。C言語と似た書式を採用し、Bシェルよりも豊富な対話機能（履歴機能など）をもっていた。「シーシェル」と発音される。
bash	正式名称はBourne Again Shellといい、「バッシュ」と発音されることが多い。shの機能を大幅に拡張したシェル。現在のLinuxでは、「標準シェル」となっている。本書で取り上げているのもこのbashである。
tcsh	cshの改良版で、さらに対話機能を強化したもの。現在でも積極的にメンテナンスが行われており、BSD系UNIXのユーザーを中心に多くのユーザーに好んで使用されている。「ティシーシェル」と発音されることが多い。
zsh	shの機能をベースに、bashやtcshのアイディアを取り込んで作られたシェル。対話機能が非常に強力で、次世代の標準シェルと注目されている。「ジィシェル」または「ジィシェ」と発音されることが多い。

現在、ほとんどのディストリビューションは、bashを標準として採用しているが、tcshやzshを利用することもできるのが一般的である。一部のディストリビューションでは、次のバージョンからzshを標準[2]とすることが告知されている。

いずれも、単にユーザーからのコマンドを受け取って実行するだけでなく、コマンドを組み合わせたスクリプトを実行することができる。スクリプトで使用できる機能もシェルによって異なっているが、Bシェルで使用できる機能や書き方はPOSIXという国際規格で標準化されているため、POSIXの範囲でスクリプトを書けば、「どこでも実行可能」なものとなる。本書では、Bシェルでのスクリプトの書き方を説明する。

2) macOSでは、Catalina（2019年）からzshが標準となった。

第2編 コマンドライン操作

2　シェルスクリプトの書き方

最初に、catコマンドとリダイレクトを組み合わせて、ごく簡単なスクリプトファイルを作成してみよう。図2.7.2に操作を示す。

図2.7.2　ファイルの作成

```
[op@centos ~]$ cat > greeting.sh      ←①スクリプトを収めたファイルを作成する
#!/bin/sh
echo $1さん、こんにちは！
exit 0    ←②最後に Ctrl-D を入力する。Ctrl-D はファイルの終わりを示す

[op@centos ~]$ sh greeting.sh 花子     ←③スクリプトを起動する。引数「花子」を指定している
花子さん、こんにちは！
[op@centos ~]$ chmod a+x greeting.sh   ←④スクリプトを「実行可能」にする
[op@centos ~]$ ./greeting.sh 次郎      ←⑤コマンドとして実行できる
次郎さん、こんにちは！
```

図2.7.2①のとおり、わずか3行のごく簡単なもので、1行目はスクリプトを処理するコマンドを明示する行である。行の先頭にある文字「#」は、シェルにとってはコメントを意味するが、1行目に「#![3]」がある場合には、以後の文字列を「スクリプトを実行するプログラム」のパス名と解釈する。「/bin/sh」と、Bシェルを使うことを明示しておけば、確実にBシェルによって処理され、「/bin/bash」とbashを使うことを指定しておけば、bashによって処理される。あるいは、「/usr/bin/python」など、シェル以外のスクリプト言語を指定することもできる。絶対に必要な行ではないが、書く習慣を身につけておくとよい。

2行目のechoコマンドに書いた文字列「$1」は、スクリプトに渡し

3)「バングシェ」あるいは「シェバン」と発音することが多い。

た引数の内容に置き換えられる「変数」の一種である（7-3で後述）。

　最後の行「exit 0（ゼロ）」は、スクリプトの実行が成功したのか、何かのエラーが起きたのかを明示する行である。Linuxのすべてのコマンドは、実行に成功したか失敗したかを通知する「終了ステータス」という仕組みをもっている。たとえば、先行するコマンドが失敗した場合には、後続のコマンドの実行を取り消すといった用途に多用される。終了ステータス0は、コマンドの「正常終了」を意味しており、その他の数値の使い方はコマンドによって異なっている。この行も必須というわけではなく、ない場合は「最後に実行したコマンド」（この場合はecho）の終了ステータスが返される。最後に終了ステータスを明示して返す習慣も、身につけておくとよい。

　②のように、最後の「exit 0」の行を入力し終わったらCtrl-Dを入力する。Ctrl-D（コントロールとD）は、標準入力に複数行の入力を行った際に、EOF（End Of File/ファイルの終わり）を通知する制御文字である。

3　スクリプトの実行

　完成したスクリプトを実行した様子が、前項の**図2.7.2**③である。shコマンド、つまり、Bシェルをコマンドとして起動して、引数にスクリプト名を指定するのが最も簡単なスクリプト実行方法である。④によって作成したスクリプトファイルに「実行可能」[4]マークを付けておくと、shコマンドを明示して実行しなくても、コマンドとして実行できるようになる。わずか3行でも引数に応じて動作を変えるコマンドを作成できるのが、シェルスクリプトのおもしろいところといえる。

4)　第4編2-2で説明している。

4　シェルの組み込みコマンド

　ここまでにいくつかのコマンドを紹介してきたが、いくつかのコマンドはシェルに内蔵されたものである。この先、シェルスクリプトを学習する前に、シェルの重要な内蔵コマンドを**図2.7.3**にまとめておく。**図2.7.3**中の文章の「※」は、本書の範囲外であるために詳しくは説明していないが、シェルスクリプトの中などで頻繁に使用されるものである。本書の次のステップに進むときに参考にしてほしい。

図2.7.3　シェルの組み込みコマンド

コマンド	機能・役割
alias	コマンドの別名を定義する。オプションやパイプを含むこともできるため、1行に収まる複雑なコマンドを何度も実行するときなどに使うと便利である※
cd	作業ディレクトリを変更する。3-3参照。chdirは別名である
echo	引数に指定した文字列を標準出力に出力する。1-2参照。-nオプション：最後の改行を出力しない
export	シェル変数を環境変数に変換する。7-2で解説
exit	シェルの実行を終了する。EOF（Ctrl-D）を入力するのと同じ
pwd	現在の作業ディレクトリをフルパスで表示する。3-2参照
read	標準入力から文字列を読み込んで、変数にセットする※
type	引数にコマンドの名前を指定すると、その名前の種類を表示する（組み込みコマンド、別名（alias）、関数（function）、一般コマンド）※
if～then～elif～else～fi	条件に応じて実行する行を制御する。7-4で解説
for～do～done	リストの内容に応じて、行の実行を繰り返す（ループ）。7-3で解説
while～done	条件に応じて行の実行を繰り返す（ループ）※
break	ループの実行を途中で打ち切る※
continue	ループの実行を打ち切って、次の回の実行に移る※
case～esac	パターンマッチの結果に応じて実行する行を制御する※

第2編　コマンドライン操作

7-2 環境変数

1-3でシェル変数について説明した。本節では、シェル変数と密接な関係にある環境変数について説明する。

1 環境変数とは

Linuxのすべてのプログラムには、環境変数と呼ばれる一連の変数群が引き渡される。プログラムは、その環境変数に渡された値を参照して、動作を調整することができる。多くの場合、ユーザーがログインしたときに環境変数がセットされ、シェルから起動されたすべてのプログラムに引き渡されていく。一連の変数群が、すべてのプログラムに引き渡されていくことから、「環境」変数（environment variable）と名付けられている。

シェル変数と環境変数はほぼ同じ機能であり、コマンドラインやスクリプトでは両者を同様に参照することができる。**図2.7.4・図2.7.5**に示すように、シェル変数のごく一部が環境変数としても使用できると考えるとわかりやすいだろう。

図2.7.4 環境変数とシェル変数

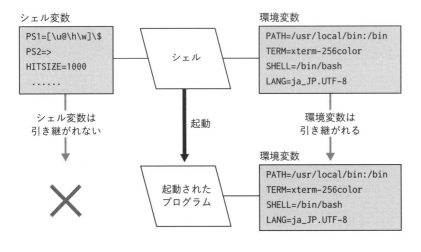

図2.7.5 シェル変数と環境変数の関係

2 変数のセット

環境変数を直接定義する場合は、次のようにexportコマンドを使用する。文字列の指定方法はシェル変数の場合と同じである。

①export 変数名＝文字列

　あるいは、いったんシェル変数を作成してから、exportコマンドを使って、シェル変数を環境変数として扱うことを指示する。

②export 変数名 変数名

　定義した環境変数の参照方法は、シェル変数の場合とまったく同じである。なお、定義済みの環境変数の一覧を表示するにはenvコマンド、あるいはprintenvコマンドを引数なしで実行する。

3　主要な環境変数

　環境変数には、さまざまなコマンド（アプリケーション）が利用するシステム情報がセットされることが多い。多くのコマンドで利用されている重要な環境変数を図2.7.6に示す。

図2.7.6　主要な環境変数

環境変数名	役割・意味
PATH	コマンドを検索するディレクトリをコロン「:」で区切って指定する
HOME	ユーザーのホームディレクトリ
PWD	現在の作業ディレクトリ
TZ	タイムゾーン情報
USER/LOGNAME	ユーザーアカウント名
LANG	ロケール（言語情報や文字コード）
HOSTNAME	ホスト名
SHELL	シェルのフルパス名

4　PATH環境変数

　図2.7.6中でも特に重要なものが、PATH環境変数である。初期状態はディストリビューションによって異なるが、少なくとも/binと/usr/binが含まれている[1]はずである。シェルにコマンドの実行を指示すると、PATH環境変数に含まれているディレクトリからコマンドを順に探し、見つかればそれを実行する。

1) 第3編1-6参照。

　たとえば、アプリケーションmyappのコマンドが/opt/myapp/binディレクトリにあるとしよう。以下のように、PATH環境変数に/opt/myapp/binディレクトリを追加すれば、コマンドを打ち込むだけでアプリケーションが起動することになる。

```
PATH=$PATH:/opt/myapp/bin
```

7-3 シェル変数とループ

1-3では、「シェル変数」について学習した。本節では、スクリプトの中で利用する特殊なシェル変数をいくつか解説する。

1　位置パラメータ

7-1で述べた「$1」のように、ドルマーク「$」に数値が続くものは、「位置パラメータ」と呼ばれる。位置パラメータは、スクリプト内で参照すると、スクリプトに渡されたオプションや引数に置き換えられる（展開される）。**図2.7.7**に例を示す。

エディタを起動して、postion.shというファイルを作成する。位置パラメータを10個並べて、単にそれらを表示するだけのものであることがすぐにわかるはずである。実際に、リストの通りに打ち込んで実行してみよう。

まず、**図2.7.7**①の行とその実行結果から、「$0」はスクリプト名そのものに展開されることがわかる。パス付きでスクリプトを起動した場合には、そのパス名も含まれる。

「aa」～「kk」までの11個の引数を与えてposition.shスクリプトを実行すると、10番目の②の行での出力が「aa0」になっていることがわかる。1番目の引数「aa」の後に、②の行の末尾の「0」が連なって出力されている。位置パラメータに2桁以上の数値を指定する場合には、③の行のように「{ }（波括弧）」で囲んで数字の範囲を明示する必要がある。

また、④の行にある「$@」という変数[1]は、「すべての引数」に展開されることもわかる。

[1] 同様に「すべての変数」に展開される変数「$*」もある。スクリプトのなかで「関数」を使う際などに違いを意識する必要があるが、本書では「$*」は取り上げない。

図2.7.7　位置パラメータの使用例

```
[op@centos ~]$ vi postion.sh ◀──── スクリプトを収めたファイルを作成する
#!/bin/sh
echo No. 0 : $0  ①
echo No. 1 : $1
echo No. 2 : $2
echo No. 3 : $3
echo No. 4 : $4
echo No. 5 : $5
echo No. 6 : $6
echo No. 7 : $7
echo No. 8 : $8
echo No. 9 : $9
echo No. 10 : $10  ②
echo No. 10\' : ${10}  ③
echo all : $@  ④
exit 0
[op@centos ~]$ sh position.sh aa bb cc dd ee ff gg hh ii jj kk
                            ① ② ③ ④ ⑤ ⑥ ⑦ ⑧ ⑨ ⑩ ⑪
No. 0 : position.sh
No. 1 : aa
No. 2 : bb
No. 3 : cc
No. 4 : dd
No. 5 : ee
No. 6 : ff
No. 7 : gg
No. 8 : hh
No. 9 : ii
No. 10 : aa0
No. 10' : jj
all : aa bb cc dd ee ff gg hh ii jj kk
```

2　ループ処理

　図2.7.7で示したスクリプトは、一つひとつの引数のために1行を
使い、それぞれの行で同様の処理を行っている。**図2.7.7**のように、
似た処理を繰り返す場合には、「ループ」を使ってスクリプトを簡略
化するのが一般的である。**図2.7.8**に、ループを使ったスクリプトと
実行例を示す。

第**2**編

コマンドライン操作

図2.7.8　ループの実行例

```
[op@centos ~]$ cat -n loop.sh ◄─── スクリプトを収めたファイルを作成する
     1 #!/bin/sh
     2 echo 'Command name:' $0
     3 NUM=1
     4 for ARG in $@
     5 do
     6   echo 'No.' $NUM ': ' $ARG
     7 NUM=`expr $NUM + 1`
     8 done
     9 exit 0
[op@centos ~]$ sh loop.sh aa bb cc dd ee ff gg hh ii jj kk
Command name: loop.sh
No. 1 : aa
No. 2 : bb
No. 3 : cc
No. 4 : dd
No. 5 : ee
No. 6 : ff
No. 7 : gg
No. 8 : hh
No. 9 : ii
No. 10 : jj
No. 11 : kk
```

　図2.7.8のスクリプトの行番号1～9は、説明の便宜上振っている[2]ため、行頭の数値は入力不要である。

　重要な点は、4行目からの「forループ」である。書式は、**図2.7.9**のようになる。

2）catコマンドの-nオプションで表示している。

図2.7.9　forループの書式

```
for ループ変数 in リスト
do
      実行文
done
```

　空白はいくつ入れても問題ないため、ループであることがわかりやすいように、ループ内部のコマンドを字下げ（インデント）しておくのが慣例である。

134

　for文では、「リスト」から1つずつ文字列を取り出して「ループ変数」に代入し、do〜doneの間の「実行文」を実行する。つまり、リストに入っている文字列の数だけ、実行文が繰り返されることになる。

　loop.shの6行目では、NUMに収められた「引数番号」とループ変数ARGに格納された「引数」を表示している。「$@」は「すべての引数」のため、ループ変数の「ARG」には、「aa」「bb」「cc」…「kk」が順に代入されていく。「kk」までループを繰り返すと、リストが空になるため、for文から抜け出して9行目に移動する。なお、NUMは、ループに入る前の3行目で1に初期化してあり、7行目で1ずつカウントアップしているため、「引数番号」が格納されることになる。7行目では、ループを1回りするたびに、NUMの値を1増やす処理を行っている。Linux Essentials試験の範囲外の機能である「バッククオート[3]」を使っているが、本書ではカウントアップを行う場合のイディオムだと理解しておけば十分である。

3) 文字「`」でコマンドをクオートすると、「そのコマンドの実行結果」に置き換えられる。exprコマンドは、引数を数式とみなして、計算結果を表示するコマンドである。

3　主要なシェル変数

　スクリプトの中で使用する位置変数や「$@」は、一種のシェル変数である。シェル自体の動作を変更するための役割をもった変数とともに、代表的なシェル変数を、**図2.7.10**にまとめて示す。これらの変数は、ログインシェルが起動するときや、スクリプトが起動するときに、自動的にセットされる。

図2.7.10　主要なシェル変数

シェル変数名	役割・意味
HISTSIZE	ヒストリー機能で記憶する行数
HISTFILESIZE	ヒストリー機能でファイルに保存する行数 （次のセッションでも使える）
PS1	プロンプト文字列(l行目)
PS2	プロンプト文字列（継続行）
BASHOPTS	指定されているbashのオプション
$0	起動されたコマンド名
$1 〜 $9、${n}	対応する位置の引数（位置パラメータ）
$@	すべての引数のリスト
$#	引数の個数（7-4参照）
$?	直前に実行したコマンドの終了ステータス（7-4参照）
$$	実行中のシェルのプロセスID（第3編1-2参照）

7-4 条件分岐

シェルスクリプトで作業を効率化するには、さまざまな状況を判断して、状況に応じた処理を行うことが必要になる。状況を調べるためのコマンドと、処理内容を切り替える方法を、しっかりと理解しておこう。

1 if文による条件分岐

図2.7.11に、1〜3個の引数を取り、引数の個数に応じて「長さ」または「面積」あるいは「体積」を計算するスクリプトを示す。

図2.7.11 if文の実行例

```
[op@centos ~]$ cat -n cubic
    1 #!/bin/sh
    2 # branch by number of arguments
    3 if [ $# -eq 3 ]; then
    4      # 3 args: calcurate cubic          ←─── 引数が3個のとき
    5      echo -n "Cubic: "
    6      echo $1 \* $2 \* $3 ¦bc
    7 elif [ $# -eq 2 ]; then
    8      # 2 args: calcurate square         ←─── 引数が2個のとき
    9      echo -n 'Square: '
   10      echo $1 \* $2 ¦bc
   11 elif [ $# -eq 1 ]; then
   12      # 1 arg: just a number             ←─── 引数が1個のとき
   13      echo -n 'Length: '
   14      echo $1
   15 else
   16      # error
   17      echo 'enter 1 ~ 3 number(s)!' 1>&2  ←─── その他のとき
   18      echo 'Numbers of arg(s):' $# 1>&2
   19 fi
   20 exit 0
[op@centos ~]$ sh cubic 2.1  ①
Length: 2.1
[op@centos ~]$ sh cubic 2.1 3.9  ②
Square: 8.1
[op@centos ~]$ sh cubic 2.1 3.9 0.33  ③
Cubic: 2.67
[op@centos ~]$ sh cubic 2.1 3.9 0.33 4  ④
enter 1 ~ 3 number(s)!
Numbers of arg(s): 4
```

　なお、スクリプト内で使用しているbcコマンドは、CLI版の電卓である。また、echoコマンドの-nオプションは、文字列を表示した後に改行しないことを指示するものである。

　条件に応じて処理内容を変化（分岐）させる、if文を使用する極めて初歩的なスクリプトである。シェルスクリプトにおけるif文の書き方は、**図2.7.12**のようになる。

図2.7.12　if文の書式

```
if コマンド①; then
    実行文①
elif コマンド②; then
    実行文②
else
    実行文③
fi
```

　7-1で説明したように、コマンドの実行に成功したときには、終了ステータスとして0を返すことになっている。コマンド①が終了ステータスとして0を返したときには、実行文①が実行される。elifは「else if」の省略形であり、コマンド①が終了ステータスとして0以外（つまりエラー）を返したときには、コマンド②を実行して、①と同様に、終了ステータスに応じて実行文②を実行する。elif節はなくてもよく、複数回繰り返すこともできる。最後に、どの条件判定も成立しなかったときには、elseに続く実行文③が実行される。else節も、なくても問題ない。if文は、キーワードfiで終了する。

2　testコマンドによる条件判断

　前項の**図2.7.12**で示したコマンド①～③には、どのようなコマンドでも使えるが、最もよく使われるのはtestコマンドである。本来のコマンド名は「test」だが、シェルスクリプト用に「[（開く角括弧）」というコマンド名ももっていて、if文をわかりやすい形で表現することができる。文字や数値の比較を行い、結果を終了ステータスで返す働きをする。代表的な条件式を、**図2.7.13**に示す。

図2.7.13　条件式と結果

条件式	結果
A -eq B	AとBが等しいときに真
A -le B	A ≦ Bのときに真
A -lt B	A ＜ Bのときに真
A -ge B	A ≧ Bのときに真
A -gt B	A ＞ Bのときに真
-n S	文字列Sの長さがゼロでないときに真
-z S	文字列Sの長さがゼロであるときに真
S = T	文字列Sと文字列Tが等しいときに真
S != T	文字列Sと文字列Tが等しくないときに真
F -nt G	ファイルFがファイルGより新しいときに真
F -ot G	ファイルFがファイルGより古いときに真
-f F	Fがファイルであるときに真
-d F	Fがディレクトリであるときに真
-r F	Fが読み出し可能なときに真
-w F	Fが書き込み可能なときに真
! EXP	EXPが偽のときに真
EXP -a EXP	EXP1とEXP2の論理積（AND）
EXP -o EXP	EXP1とEXP2の論理和（OR）

※A、Bは数値
※S、Tは文字列
※F、Gはファイル名（パス名）
※EXPは上記を組み合わせた「式」。カッコを使って式の計算順序を指定できる。

　一般的な数値や文字列の比較だけでなく、ファイルの有無やパーミッションのチェックも行えるという特徴がある。
　条件式を実行して、結果を確認する方法を図2.7.14に示す。

図2.7.14　条件式の実行例

```
[op@centos ~]$ test 1 -lt 2; echo $?    ①
0
[op@centos ~]$ test 3 -lt 2; echo $?
1
[op@centos ~]$ [ 'abc' = 'ABC' ]; echo $?    ②
1
[op@centos ~]$ [ 'abc' = 'abc' ]; echo $?
0
[op@centos ~]$ [ -f /etc/passwd ]; echo $?    ③
0
[op@centos ~]$ ABC='ABC'; N=10; [ $ABC = 'ABC' -a $N -eq 10 ]; echo $?    ④
0
[op@centos ~]$ EMPTY=''; [ $EMPTY = 'abc' ]; echo $?    ⑤
-bash: [: =: 単項演算子が予期されます
2
[op@centos ~]$ EMPTY=''; [ x$EMPTY = x'abc' ]; echo $?    ⑥
1
```

　シェル変数の一つである「$?」は、「直前に実行したコマンドの終了ステータス」を示すため、0が表示されれば「真」、その他の数字が表示されれば「偽」と解釈されたということである。

　図2.7.14①は数値の比較、②は文字列の比較である。「[（開く角括弧）」の後と、「]（閉じる角括弧）」の前には空白が必要である。また、文字「;」は「コマンドの区切り」を示すため、1行で複数のコマンドを続けて実行するときに使用する。③はファイル「/etc/passwd」が存在することを確認している。④は文字列比較と数値比較を、論理積（AND）でつないだものである。ANDは、両方の条件が真の場合に真となり、論理和（OR）は、いずれか一方が真の場合に真になるという、最も基本的な論理演算である。

　⑤はわかりにくいエラーの例である。変数（ここではEMPTY）が、空文字または未定義の場合、展開結果は空文字、つまり、なくなってしまう。したがって、⑤の条件式は「[= 'abc']となって、条件式の書式を満たさないため、エラーになる。⑤のエラーを回避するには、⑥のように、比較する文字列の両方に何か文字（ここでは「x」）を追加して、変数が空であっても「文字列比較の書式」を満たすようにする。空になる可能性のある変数を使って比較する場合のイディオムとして、覚えておこう。

7-5 シェルスクリプトの学び方

シェルスクリプトは、Linuxを真に使いこなすためには避けられない重要な技術である。本書で取り上げた範囲はごく限定的であるため、今後のスキルアップとして習得するとよい機能を述べておく。

1 シェルスクリプトの利用場面

シェルスクリプトの最大のメリットは、既存のツールを組み合わせて、より複雑な「一連の」処理を行うことができることである。簡単なプログラミングといえるが、プログラミングが本業でないのであれば、汎用性や信頼性まで求める必要はない。使い捨てのスクリプトとして、用途を終えたら、今後は使わないスクリプトは消してよい。簡易な使い方ができるところが、シェルスクリプトの最大の価値である。

たとえば、10個のディレクトリを一つずつバックアップするケースを考えよう。多くのデータファイルがあれば、1回のバックアップには長い時間がかかる。このため、10個のディレクトリについて、10個のtarコマンドを並べただけのスクリプトを作る。テキストエディタで1つのコマンドをコピーして、対象ディレクトリを少しずつ修正すればすぐに終了する。実行結果をファイルにリダイレクトしておけば、スクリプトを実行してから帰宅してもよいだろう。

2 便利なコマンド

シェル自体の機能として、4-2でリダイレクト、4-3でパイプ、7-3でforループ、7-4でif文を取り上げた。シェルにはほかにも便利な機能があり、よく使うものをいくつか説明する。「使えそう」な場面になったときに、調べて使ってみるとよい。

①switch文による分岐

if文のif～elif～elseによる多重の条件分岐を、簡単に記述できる制御文である。特に、引数やオプションの値によって、処理内容をいくつにも分岐したい場合に、正規表現によるパターンマッチを使って条件を指定できる。

②while文によるループ

for文は、リストの要素ごとにループを実行するものである。while文は、ループを実行する条件を式で自由に指定できるものである。

③バックグランド実行

通常は、1つのコマンドを実行すると、コマンドの実行が終了する

までは次のコマンドを入力することができない。しかし、バックグランド実行を使用すると、1つのコマンドを（バックグランドで）実行しながら、別のコマンドを実行できる。バッグランドとフォアグランドを切り替えることもできる。コマンド名「bg」と「fg」で調べてみよう。

④条件付き実行

if文による分岐を使わなくても、あるコマンドが成功したとき、あるいは失敗したときにのみ、別のコマンドを実行することを、1行で指定できる。演算子「&&」と「||」で調べてみよう。

シェルのマニュアル（manページ）は長くて難解であるため、「シェル」と上記①〜④のキーワードで、情報を検索してみるとよい。また、シェルスクリプトを徹底的に解説する書籍で調べることも有効である。

3　多機能なシェル

本書では、最もシンプルな機能のBシェルを取り上げてサンプルを作成している。Bシェルは、非力なCPUを搭載した組み込みLinuxでも動作するため、最も利用可能な場面が多い。

しかし、7-1図2.7.1に示したように、シェルはBシェルだけではなく、Bシェルよりも多機能なシェルがいくつもある。デスクトップで利用できる主なディストリビューションは、bashが標準である。また、より対話的な機能に優れたzshのユーザーも増えている。多機能なシェルを使用すると、簡単に記述することができる。

たとえば、bashの拡張機能を使うと、7-3図2.7.8のサンプルで使用したexprコマンドを使わなくても、シェルの機能だけで簡単な計算が行える。また、ファイル名の一部を置換して、新しいファイル名を作成するといった処理も簡単に書ける。本格的なスクリプトを書くときには、bashの「算術式展開」や「変数置換」を調べるとよい。シェルスクリプトをbashで実行するには、1行目に「#!/bin/sh」ではなく、「#!/bin/bash」と書くだけである。

問題1

シェルへのコマンド入力で、以前使用したかなり長いコマンドを再度実行したい。最も簡単に実現できる方法を選択せよ。

選択肢

1. コマンドが出てくるまでCtrl-Pを入力し続ける
2. historyコマンド | lessコマンドで履歴を表示し、端末アプリケーションのコピー＆ペースト機能を使用して入力する
3. Ctrl-Rを入力して実行したいコマンドを検索する
4. 何度も使うコマンドは、シェルスクリプトにして保存しておく

解　答

問題2

ホームディレクトリにあるbinディレクトリをPATH環境変数に追加するコマンドとして、正しいものを選択せよ。

選択肢

1. PATH=$PATH+" ~/bin"
2. env PATH ~/bin
3. PATH=$PATH:~/bin
4. $PATH=$PATH:~/bin
5. PATH=%PATH%:~/bin

解　答

問題3

シェル変数と環境変数について、正しい記述を選択せよ。

選択肢

1. シェル変数は $名前 で参照し、環境変数は %名前% で参照する
2. シェル変数は set コマンドでセットし、環境変数は env コマンドでセットする
3. シェル変数を exportすると環境変数に、環境変数を unexportするとシェル変数になる
4. 環境変数は子プロセスに引き継がれるが、シェル変数は引き継がれない
5. シェルスクリプトのなかでは、シェル変数は使用できるが環境変数は使用できない

解　答

問題4

　システムのメモリの状態を調べるコマンドの名前を忘れてしまった。manページからキーワードでコマンドを検索するために指定するオプションとして、次のコマンドの下線部を正しいものを記入せよ。

```
man _____ memory
```

解　答　_____

問題5

　プロジェクトのソースコード共有ディレクトリから/projA/sourcesを、ホームディレクトリの MySourcesにコピーしたい。次のコマンドの下線部に指定するオプションとして、正しいものを選択せよ。

```
cp _____ /projA/sources ~/MySources
```

選択肢
1.　-d
2.　-a
3.　-r
4.　オプション指定の必要はない

解　答　_____

問題6

　共有ディレクトリ /data/projectに頻繁にアクセスするため、ホームディレクトリにリンクteamを置きたい。なお、作業ディレクトリはホームディレクトリである。コマンドとして正しいものを選択せよ。

選択肢
1.　ln -s team /data/project
2.　ln -s /data/project team
3.　In -d team /data/project
4.　In -d /data/project team

解　答　_____

問題7

1か月ほど前に作成した文書ファイルをどこに保管したか忘れてしまった。ファイル名に contract という文字列を入れたことだけは覚えている。ファイルを探すコマンドとして、正しいものを選択せよ。

選択肢
1. find contract
2. search contract
3. locate contract
4. dig contract

解 答 _____

問題8

less コマンドで複数のファイルを参照している。1つ前のファイルに戻るコマンドとして、正しいものを選択せよ。

選択肢
1. B
2. P
3. :b
4. :p

解 答 _____

問題9

30行以上あるテキストファイル textfile の10〜20行目を取り出し、textfile の行番号を付けて表示したい。次のコマンドの下線部に置くパラメータの組み合わせとして、正しいものを選択せよ。

```
cat -n textfile |head ①_____  |tail ②_____
```

選択肢
1. ① -20 、② -11
2. ① -20 、② -10
3. ① +20 、② -20
4. ① +20 、② +10

解 答 _____

問題10

findコマンドでディスク全体からファイルを検索したところ、アクセス権がないため読み出せないディレクトリに関するエラーメッセージが、大量に表示された。エラーメッセージを画面に表示しないようにして、検索結果をファイル resultに保存するコマンドとして、適切なものを選択せよ。

選択肢

1.　find / -name '*myproject*' > result
2.　find / -name '*myproject*" > result 2>&1
3.　find / -name '*myproject*" > result 2>/dev/null
4.　find / -name '*myproject*" > result 2>/dev/zero

解　答 _____

問題11

ファイル inputから、空行（1文字もない改行だけの行）を取り除いて、ファイルoutputに書き出すコマンドとして、正しいものを選択せよ。

選択肢

1.　grep '^$' input > output
2.　grep -v '^$' input > output
3.　grep -v '' input > output
4.　grep '\0' input > output

解　答 _____

問題12

作業中のファイル fruits.txt の内容は、次のとおりである。

```
Apple
Orange
Peach
Berry
Tomato
Grape
```

次のコマンドの実行結果として出力される果物の組み合わせとして、正しいものを選択せよ。

```
grep -E '[a-z]e' fruits.txt
```

選択肢

1. Apple, Orange, Peach, Berry, Grape
2. Apple, Orange, Grape
3. Peach, Grape
4. Peach, Berry, Tomato

解 答 _____

問題13

カンマ区切りのCSVファイル sales.txt の内容は、次以下のとおりである。

```
taro, 103, 432, 513
jiro, 23, 0, 234
sabu, 45, 232, 235
shiro, 63, 934, 332
```

第3フィールドの数値が多い順に、名前だけを表示するコマンドとして、正しいものを選択せよ。

選択肢

1. sort -n -k 3 -t , sales.txt | cut -d -f 1
2. sort -n -r -k 3 -t , sales.txt | cut -d , -f 1
3. sort -r -k 3 -t , sales.txt | cut -d , -f 1
4. sort -d -r -k 3 -t , sales.txt | cut -d , -f 1

解 答 _____

問題14

取引先から、ファイル一式を送るとのコメントとともに、project.tar.bz2 というファイルが送られてきた。ファイルを展開するときに使用するコマンドとして、正しいものを選択せよ。

選択肢

1. `tar tJf project.tar.bz2`
2. `tar tjf project.tar.bz2`
3. `tar xJf project.tar.bz2`
4. `tar xjf project.tar.bz2`

解　答　_____

問題15

ホームディレクトリをバックアップするために、xz コマンド形式で圧縮した tar アーカイブを作成したい。なお、作業ディレクトリはホームディレクトリである。tar アーカイブを作成するコマンドとして、正しいものを選択せよ。

選択肢

1. `tar czf /backups/taro-20200105.tar.xz .`
2. `tar cJf /backups/taro-20200105.tar.xz .`
3. `tar tJf /backups/taro-20200105.tar.xz .`
4. `tar xzf /backups/taro-20200105.tar.xz .`

解　答　_____

問題16

nano エディタを使用してファイルを編集している。編集作業がかなり進んだため、いったんファイルを保存するためのコマンドキーとして、正しいものを選択せよ。

選択肢

1. ^S (Control-S)
2. ^X (Control-X)
3. ^O (Control-O)
4. ^W (Control-W)

解　答　_____

問題 17

viエディタを使用してファイルを編集している。文字列 Taro をすべて文字列 Hanako に置換したい。入力するキーの並びとして、正しいものを選択せよ。

選択肢

1. :%r/Taro/Hanako/
2. ^STaro^SHanako
3. :%s/Taro/Hanako/a
4. :%s/Taro/Hanako/g

解　答 _____

問題 18

viエディタを使用してファイルを編集している。重大な誤りに気づいたため、最初から編集をやり直したい。変更を破棄してviエディタを終了するために、入力するキーの並びとして、正しいものを選択せよ。

選択肢

1. ZZ　　2. :q　　3. :q!　　4. :wq　　5. :Q

解　答 _____

問題 19

現在の作業ディレクトリに、backup.1 〜 backup.10 の10個のディレクトリを作成したい。次のコマンドの下線部分に置く文字列の組み合わせとして、正しいものを選択せよ。

```
$ for i in 1 2 3 4 5 6 7 8 9 10
> ①_____
>   mkdir backup.$i
> ②_____
```

選択肢

1. ① do 、② od
2. ① loop 、② end
3. ① do 、② done
4. ① loop 、② pool
5. ① begin 、② end

解　答 _____

問題20

　シェルスクリプトで一連の作業を自動化するときに、あるコマンドが失敗した場合には後続の
コマンドを実行せずに、エラーを表示して停止したい。条件を判断する部分の下線部に指定する
シェル変数として、正しいものを選択せよ。

```
command
if [ ____ -ne 0 ]; then
 echo 'Error!.  abort'
 exit ____
fi
```

選択肢

1. $#
2. $@
3. $$
4. $?

解　答

問題21

　Bシェルのスクリプトにおいて、与えられた引数の数によって条件を分岐したい。次のスクリ
プトの下線部に置く文字の組み合わせとして、正しいものを選択せよ。

```
if [ $# -eq 0 ]; then
 echo ' No argument'
①_____ [ $# -eq 1 ]; then
 echo 'One argument'
②_____
 echo 'Multi arguments'
fi
```

選択肢

1. ① elif、② else
2. ① elseif、② else
3. ① else、② else
4. ① if、② fi

解　答

第2編　コマンドライン操作

　以下はシェルスクリプトの一部である。変数Tにはファイル名がセットされている。Tの示すファイルが、ファイル/backups/timestumpよりも新しい場合のみ、ファイルをコピーしたい。下線部に置く文字列として、正しいものを選択せよ。

```
if [ $T _____ /backups/timestump ]; then
 cp $T /backups
```

選択肢

1. -nt
2. -le
3. -a
4. -ge

解　答 _____

第 **3** 編

コンピュータ資源の
利用

Linux Essentials
PART 3

1-1 コンピュータを構成するハードウェア

本章では、PC（パーソナルコンピュータ）を構成するハードウェアについて説明する。どのような仕組みで動作しているか、何ができるのかを知ることは、システムの企画や導入、運用計画の立案などに必須の知識である。

1 コンピュータの構成要素

実際にPCを自分で組み立てることはなくても、構成要素を理解するには「どのようなパーツが必要か」を知ることが最も近道だろう。1台のPCを組み立てるために必要な構成要素を、主要なものから順番に説明していく。

2 CPU

CPU（Central Processing Unit）とは、プログラムを読み取って、書かれている「命令」を実行する機能をもった比較的規模の大きなLSIである。最も本質的な機能は、「バス」と呼ばれる極めて高速に信号をやり取りする回路を通して、メモリや周辺装置との間でデータのやり取りを行うことである。よく耳にする「32ビットCPU」や「64ビットCPU」という呼び方は、「1度に何ビットのデータをやり取りできるか」を示している。

①CPUアーキテクチャ

CPUの種類は、基本設計（アーキテクチャ）の違いによってグループ分けして理解する。同じアーキテクチャに基づくCPUは、同じ「命令セット」（命令の組）を解釈して動作するため、同じプログラム（ソフトウェア）が実行できるからである。現在、Linuxを実行できる主なアーキテクチャには、次のようなものがある。

1）i386

Intel Corporationによって80386という名称（型番）で1985年に発売された32ビットCPUに基づくアーキテクチャ。Linuxの最初のバージョンはi386のアーキテクチャ上で開発されたが、現在はすでにサポートが終了している。

2）x86

上記1）の80386以降にIntelから登場した32ビットCPUであり、80486、Pentiumなどに基づくアーキテクチャ。Windows 95がターゲットとするアーキテクチャでもあり、現在のPCの基礎となったといえる。

3）x64/amd64/x86_64

上記2）のx86アーキテクチャを64ビットに拡張したものを、AMD（Advanced Micro Devices, Inc.）がAMD64アーキテクチャとして実装し、のちに、IntelもEM64Tアーキテクチャとして実装した。現在のIntel Core、Celeron、Xeonなどのシリーズ、および、AMDのAthlon以降のシリーズは、すべてx64/amd64/x86_64のアーキテクチャ[1]に基づいている。現在の主力アーキテクチャといえる。

4）ARM

ARM（ARM Ltd.）によって開発され、多数の半導体メーカーにライセンスされているアーキテクチャである。低価格・低消費電力が特徴であり、携帯電話やルーターなどのネットワーク機器、自動車制御などの組み込み用途に多数使われている。組み込み用途では32ビット版が主力であるが、64ビット版も登場しており、タブレットやWindows10を搭載したノートPCなどに使用されている。現在、注目されているアーキテクチャである。

②CPUの性能

いずれのアーキテクチャも、メーカーからさまざまな性能のCPUが提供されている。CPUの性能を知るために、重要となる用語についても理解しておこう。

1）クロック速度

CPUの内部で行われるさまざまな計算やデータ伝送は、多数のスイッチをON/OFFすることで実行される。ON/OFFのタイミングを合わせるために、同期用の時計（クロック）にあわせてスイッチの切り替えが行われる仕組みとなっている。クロック速度とは、同期用の時計が進む速さを周波数で示したものである。周波数が高くなるほど、毎秒あたりのスイッチの切り替えを多く行うことができ、高性能なCPUということになる。

2）キャッシュサイズ

CPUがメモリからプログラムを読み込み、指示に基づいて動作する際、最も頻繁に行われる処理は、メモリからデータを読み込むことと、処理した結果のデータをメモリに書き戻すことである。ところが、現在の技術でCPUと同じ速度で動作するメモリを製造することは、コスト面および技術面の問題から現実的ではない。そこで、CPUの速度とメモリの速度の中間の速度で動作する「**キャッシュメモリ**」を使用し、現実的な速さのメモリを使用しながらも、CPUからの見かけ上の速さをできるだけ高速に保つメカニズムが利用されている。キャッシュメモリの容量が大きいほど、CPUがメモリの動作を待つ時間が少なくなり、結果的に性能が上がることとなる。

[1] CPUメーカーの思惑などによってさまざまな呼び方があり、微妙に異なる点もあるが、一般ユーザーがその差を意識する必要はない。

第**3**編　コンピュータ資源の利用

3）コア数

　現在のCPUは、1つのCPUパッケージ（LSI）の中に、複数のCPUコアが組み込まれているものが多くなっている。内蔵されているCPUコアの数が多ければ、単位時間内により多くの処理を行うことができるため、高性能なCPUということになる。ただし、複数のCPUコアの間で同期を取る処理などが必要となるため、コア数が倍になったからといって、性能が2倍になるわけではない。なお、IntelのCPUには、CPU内部で回路が空いている状態があることを利用して、1つのCPUコアを仮想的に2つのCPUに見せかける「**ハイパースレッディング**」（Hyper Threading）という技術を搭載している。ハイパースレッディングにより、ソフトウェアからは搭載されているコア数の倍のCPUがあるように見える。

3　マザーボード

　PCの主なパーツがひと通り搭載された電子基板を、マザーボードと呼んでいる。基板上にはいくつかのLSIチップと、CPUをはめ込むためのソケット、メモリを搭載するためのスロット[2]、拡張ボードを搭載するためのスロット、ハードディスクなどのストレージのほか、ネットワークやUSB機器などを接続するためのコネクタが搭載されている（**図3.1.1**）。

　ユーザーがマザーボードを意識する必要があるのは、パーツを追加・交換するときと、マザーボードに搭載された「**ファームウェア**」を操作するときだけである。マザーボード上には、ファームウェアと呼ばれる「OSを起動するためのプログラム」が搭載されている。以前は同様の処理を「BIOS（バイオス）」と呼ばれるプログラムが行っていたため、現在でもファームウェアのことをBIOSと呼ぶことがあるが、正しい呼び方ではない（1-5参照）。

2）多数の端子がある小さな基板を差し込むためのソケットのこと。多数の端子が列状に並ぶため、「スロット」と呼ばれる。

図3.1.1　マザーボード

4　メモリ

　CPUが直接やり取りできるメモリを、「**メインメモリ**」と呼んでいる。通常は、メインボードに備わっているメモリスロットに、メモリモジュールを差し込んで使用する。メモリモジュールには、さまざまな仕様があり、新しい規格の製品が次々に開発されるため、CPUとマザーボードに適合するものを使用する必要がある。現在は、おもにモジュール1枚あたり、2GB〜64GBのものが使用されている。一般的な家庭やオフィスのデスクトップでのLinuxのアプリケーション利用の際、快適に作業するためには、おおむね4GB〜8GBのメインメモリ容量が必要といわれている。

5　ハードディスク

　メインメモリは、PCの電源をOFFにするとすべて消えてしまう。したがって、OS自体の保存用と、ユーザーの作業した結果をファイルの保存用に、「電源を切っても消えない」記憶装置が必要である。おもな記憶装置には、ハードディスク（Hard Disk Drive；HDD）が使われている（**図3.1.2**）。ハードディスクは、密閉されたケースに納められた円板に、磁気的にデジタルデータを記録する装置である。円盤に硬い素材（金属またはガラス）が使われることが「ハード」ディスクという名前の由来[3]である。円盤は高速に回転しており、わずかに離れた位置にある磁気ヘッドによって、円盤に塗られた磁性体を磁化することでデータを記録する。構造的に極めて高い工作精度が必要であり、物理的な衝撃に弱い。

図3.1.2　Hard Disk Drive

　最近は、フラッシュメモリ技術が進歩して、SSD（Solid State Drive）を以前よりも低価格で利用できるようになってきた。このため、記憶装置として、HDDではなくSSDを利用することも多くなっている。SSDには機械的な可動部がないため、ハードディスクに比べると衝撃に強く、取り扱いが容易である。また、読み出し・書き込みの際に円盤や磁気ヘッドを移動させるといった物理的な動作が必要ないため、HDDの3〜5倍の速度で動作する。ただし、フラッシュメモリの書き込み回数には上限があり、1万〜10万回の書き込み[4]で読み出し・書き込みができなくなるというデメリットもある。容量あたりの単価もHDDより非常に高いため、まだしばらくは、利用目的に応じてHDDとSSDを使い分けることが必要といえる。

　内蔵ディスクドライブを接続するために、**SATA**[5]（サタ）と呼ばれるインターフェイスが使用される。マザーボードには、SATAのコネクタが1〜4個搭載されていることが多い。サーバー用途のマシンの場合は、より高速な**SAS**[6]（サス）と呼ばれるインターフェイスを搭載したものもある。また、HDDより高速なSSDを利用するために、M.2（エムドットツー）と呼ばれるインターフェイスを搭載したマザーボードも増えつつある。

6　ケース

　PCを格納するケースには、電源とマザーボード、および、ハードディスクやSSD、光学ドライブなどのストレージを入れる。ケースのサイズはさまざまなものがあるが、マザーボードに応じたサイズを選択する。

　高性能なCPUやグラフィックカードを搭載したり、メモリやディスクを大量に搭載したりするにつれ、内部の部品からの発熱が増大す

3）ハードディスクが開発される以前は、テープやカードに磁気を塗ったものが使われていた。

4）5年程度の耐用年数といわれていて、実用上の問題になることは多くない。

5）Serial Advanced Technology Attachment の略。

6）Serial Attached SCSI の略。また、SCSI（スカジー）は Small Computer System Interface の略で、以前にHDDなどの接続に使われた規格である。SCSIという用語は覚えておくとよい。

第**3**編　コンピュータ資源の利用

る。このため、強力なファンやヒートシンクを搭載した、排熱機能に優れたケースが必要となる。つまり、PCのケースは、単なる箱ではなく、排熱という重要な機能を持ったものであり、PCの利用目的や性能に応じた選択が必要になる。特に、後日、メモリや拡張ボードの追加が考えられる場合には、少し大きめのものを選択するとよい。

7 電源

電源ユニットも、非常に重要な部品の一つである。デジタル処理を行う回路は、一定電圧の電力が安定して供給されないと動作が不安定になる。PCの場合は、ブート時の自己診断でエラーになったり、稼働中に突然リセットしたりと、原因分析が非常に難しい現象が発生することがある。余裕をもった、性能の高い電源を選択するべきである。なお、PC用の電源の多くはファンと一体型になっており、冷却のためにも重要な役割を果たしている。

8 拡張ボードと周辺機器

PCI（Peripheral Component Interconnect）は、プロセッサと直接データのやり取りを行う拡張モジュール（基板）の仕様を定めた規格である。マザーボードには、PCIに基づくスロットがおおむね1～8個搭載されている。PCIは、1990年代のPCで広く使われ始めた規格であるが、何回もの改訂を経ており、2019年現在は、PCI Express 3.0という規格が一般的である。さまざまな拡張モジュールが販売されているが、前項で述べた高速SSDを接続するためのM.2インターフェイスボードや、追加のネットワークインターフェイスボード、高性能グラフィックボードなどがよく使用されている。

規格名の末尾の数字（2019年現在は3.0）は、規格のバージョン番号を示しており、数字が大きなものほど新しく、データの伝送速度が高速である。また、「レーン」と呼ばれるデータ伝送チャンネルを1～16セットもつことができ、レーンの数が増えるほど接続端子の数が増えてボードが大型になる。また、レーンの数が増えるほど、1度に伝送できるデータが増え、高速となる。さらに、拡張ボードの高さによって、フルサイズ（12cm）のものとロープロファイル（8cm）と呼ばれる高さの低いものが規格化されている。つまり、PCI Expressボードの種類は、「バージョン」「レーン数」「サイズ」の組み合わせで区分される。しかし、互換性のある仕様となっていて、規格のバージョンは、マザーボードのスロットと搭載するボードの低い方に合わせられる。また、レーン数の大きなマザーボードのスロットに、レーン数の小さいボードを搭載することもできるようになっている。

9　PCとサーバーの違い

　一般ユーザーはあまり目にする機会がないが、間接的に使用しているコンピューターシステムにサーバーがある。多数のプログラムを同時に実行するための高性能なマシンである。基本的な構成や機能は普通のPCとほとんど同じだが、サーバー用途ならではの特徴がある。簡単にまとめておこう。

- 強力なCPUを搭載している。コア数が多く、キャッシュメモリが大容量であるCPUを、複数個搭載するものもある。
- エラー検出・訂正機能をもったメモリを、大量に搭載できる。
- ハードディスクを大量に搭載できるタイプのものや、高速なインターフェイスを経由して外付けのストレージシステムを利用するタイプのものなど、バリエーションが豊富である。
- 電源装置を2系統内蔵しており、1系統が故障しても停止しない。
- ネットワーク経由で、本体電源のON/OFFを制御し、キーボードやシステムコンソールにアクセスするための機能をもった装置[7] を搭載しているものが多い。

7) 内蔵されているタイプや、拡張ボードとなっているタイプなどさまざまな種類がある。メーカーごとに呼び名が異なる。

第3編

コンピュータ資源の利用

1-2 プロセス

Linuxでは、1つのCPUが、同時に複数のプログラムを実行することができる。大きなサーバーでは、万を超える数のプログラムが実行されることもよくある。プログラム実行の仕組みの概要を理解しよう。

1　プロセスの成り立ち

まず、「プログラムを実行する」とはどういうことなのかを理解しておこう。CPUが直接実行できるプログラムは、CPUアーキテクチャごとに固有の「命令[1]」の並びである。Linuxでは、ハードディスク上に、一連の命令が「ファイル」として格納されており、「プログラムバイナリ」（program binary）と呼んでいる。また、メモリ上に展開されて「実行中の」プログラムバイナリを、「プロセス」（Process）と呼んでいる。

シェル にコマンドを入力してプログラムを起動すると、OSは次のような手続きを実行する。

①プロセステーブルへの掲載

システムで実行中のすべてのプロセスの管理表である「プロセステーブル」に、新しいプロセスのためのエントリを追加する。

②メモリブロックの割り当て

メインメモリから、実行しようとするプログラムバイナリを格納するための領域（メモリブロック）を割り当てて、プロセステーブルに情報を記載する。

③プログラムバイナリの展開

確保したメモリ領域に、ファイルから読み込んだプログラムバイナリを展開する。プログラムの最初の「命令」があるメモリの番地（アドレス）を、プロセステーブルの「次に実行する位置」として記載する。なお、「次に実行する位置」のことを、「プログラムカウンター」（Program Counter）と呼ぶ。

上記①〜③の手続きによりプロセスが生成され、「実行可能」な状態としてプロセステーブルに記載されることになる。

OSがさまざまなタイミングで行う「プロセス切り替え[2]」では、次のような処理が行われて、結果としてロードしたプログラムバイナリの実行が始まることになる。

[1] たとえば、「○○番地のメモリからデータを取り出せ」「掛け算をしろ」「結果を△△番地のメモリに書き込め」といった、単純な命令である。

[2] OSの動作としては、「コンテキスト切り替え」（Context switch）呼ばれる動作である。

①実行可能プロセスの選択

プロセステーブルの中から、「実行可能」であるものを探して、任意の1つを選出する。

②実行の準備

プロセステーブルから、選出したプロセスが利用するメモリブロックなどの情報を取り出して、プロセスを実行するための準備を行う。

③実行の開始

選出したプロセスのプログラムカウンターのアドレスから、「命令」の実行を開始する。

④実行の中断

実行中のプロセスは、たとえば、ディスクの入出力を待つ、キーボードからの入力を待つなどのさまざまな理由で停止して「スリープ」状態となる。そのときに、プロセステーブルに記録されたプログラムカウンターの値も更新される。

⑤実行の再開

入出力などのイベントが発生すると、イベント処理の最後に「そのイベントを待っていたプロセス」の状態を「スリープ」から「実行可能」に戻す。このため、再度選択されると、プロセスの実行が再開される。

　上記①〜⑤で説明したプロセス切り替えの仕組みは、1つのCPUで複数のプログラムを同時に実行する動作（マルチタスク）の基本概念でもある。OSの内部構造に踏み込む必要はないが、概念はしっかりと理解しておこう。

2　プロセスの親子関係

　前項で述べた「プロセステーブル」で、それぞれのプロセスを区別するために使用されるのが「プロセスID」（PID）と呼ばれる整数である。プロセステーブルの中には、自身を生成したプロセスのID、つまり、「親プロセス」のID（PPID；Parent PID）が記録され、親子関係がわかるように管理される。親子関係がわからないと、たとえば、シェルが実行したコマンド（子プロセス）の終了ステータスをシェルが知ることができない、親であるシェルが終了したときに子プロセスも停止するなどの終了処理ができないといった、さまざまな不都合が発生するからである。

1-3 仮想メモリ

現代のOSでは「仮想メモリ」という技術が使われており、複数の異なるアプリケーションを、互いに影響することなく同時に実行できる。マルチタスクを支える、仮想メモリの概要を理解しよう。

1　仮想メモリの仕組み

　仮想メモリというのは、ソフトウェアから見えるメモリが、物理的なメモリのどこにあっても一定のアドレス（番地）にあるように見せかける技術である。物理メモリ全体を「ページ」と呼ばれるメモリブロックに分割し、そのページを単位として各プログラムに割り当てることによって、各プログラムは連続する大きなメモリブロックを利用できるようになる（**図3.1.3**）。各プログラムから見えるアドレスを「論理アドレス」[1] と呼ぶ。

1) ユーザーのプロセスだけではなく、OS本体であるカーネルも論理アドレスで動作している。

図3.1.3 仮想メモリの概念

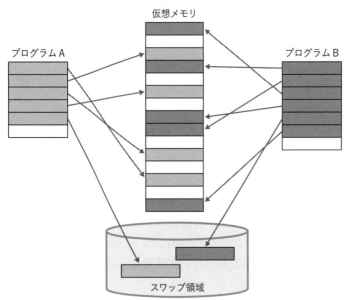

　論理アドレスと物理アドレスの変換は、MMU（Memory Management Unit）と呼ばれるCPUに組み込まれたハードウェア回路によって行われる。MMUは、物理アドレスと論理アドレスの対応表（ページテーブル）を参照して、このアドレス変換を極めて高速に実行する。プログラムはMMUを経由してメモリにアクセスするため、自らに割り当てられたページ以外のメモリにはアクセスできない。仮想メ

モリの仕組みによって、いくつものプログラムが独立して動作できるのである。

2 スワッピング

仮想メモリの重要な働きは、必要に応じて「その時点では使われていないページ」を、物理メモリからハードディスク上の特別な領域（スワップ領域）に一時的に退避することである。そして、そのページが必要になったときに、物理メモリに読み戻す処理が行われる。この仕組みにより、システム全体としては、「物理的なメインメモリの容量」＋「スワップ領域の容量」のメモリを使用できる。ただし、このスワッピング処理には、通常のメモリアクセスに比べると膨大な時間が必要となるため、システムの性能は大きく落ちることになる。できるだけスワッピングが起きないように、十分な容量の物理メモリを搭載することが望ましい。

反対に、OSと起動中のアプリケーションが使用するメモリの容量よりも、メインメモリの容量が多い場合、つまり、メインメモリがあまっている場合には、「直近にアクセスしたハードディスクの内容」を一時的に保管（キャッシュ）して再利用する仕組みも備わっている。つまり、ハードディスクを物理的に読み書きする頻度を削減し、メインメモリを常に無駄なく使い切るための仕組みが備えられているのである。

1-4 プロセスとメモリの状態

プロセスの概要を理解したところで、Linuxでプロセスの状態を見てみよう。実際にサービスを提供しているサーバーのプロセスを見ると、動きが実感できる。

1 psコマンド

psコマンドは、システムで実行中のプロセスの状態を一覧するものである。psは、Process Statusの略である。psコマンドは、Linuxが開発される以前のUNIXの頃から存在する古いコマンドであり、いくつものバージョンが存在している。本節では、procps-ngと呼ばれる、Linuxに専用のバージョンを取り上げる。現在の主要なディストリビューションの大部分は、このバージョンを使用している。

オプションを指定せずにpsコマンドを実行すると、自分が使用している端末から自分が実行したプロセスの一覧が表示される。オプションの指定方法は少し変わっていて、ハイフンから始まるオプションはPOSIX[1] という規格のスタイルで、ハイフンを付けない英字のみで指定するオプションはBSD UNIXのスタイルであることを意味する。POSIXスタイルとBSD UNIXスタイルのいずれを使うかによって、表示される内容や順序も変化する。初心者にはわかりにくいが、古くからのユーザーが戸惑わないように、POSIXスタイルとBSD UNIXスタイルの両方を受け付けるようになっているのである。本節では、例としてPOSIXスタイルを取り上げるが、**図3.1.4**に、psコマンドの主要なオプションを、POSIXスタイルとBSDスタイルで、あわせて示しておく。

まとめると、「**ps -efl**」（**POSIXスタイル**）か「**ps aux**」（**BSDスタイル**）で、すべてのプロセスに関するほぼ十分な情報が表示されると覚えておけばよい。実際に、稼働中のメールサーバで実行したpsコマンド例が、**図3.1.5**である（一部を抜粋）。

1) Portable Operating System Interfaceの略。UNIX系のOSにおけるさまざまな仕様を定義した国際規格。

図3.1.4　POSIXオプションとBSDオプション

POSIX オプション	BSD オプション	表示内容
-e		自身のプロセスだけでなく、システムで実行中のすべてのプロセスに関する情報を表示する
-f		プロセスのユーザー、親プロセスID（PID）、プロセス開始時刻なども表示される

POSIX オプション	BSD オプション	表示内容
-l	l	・長いフォーマットで表示する ・使用メモリ量、優先度なども追加で表示される ・フォーマットはスタイルによって異なる
	a	・すべてのプロセスの情報を表示する ・ただし、いずれかのBSDスタイルのオプションを指定すると、「端末との関係をもたないプロセス（ネットワークサービスなど）」は除外される
	u	CPU利用率、メモリサイズ、プロセスの状態、親PIDなども表示される
	x	・BSDスタイルに共通する「端末との関係を持たないプロセスを除外する」条件を取り消す ・aオプションとともに指定すると、すべてのプロセスが表示される

図3.1.5　psコマンドの画面例

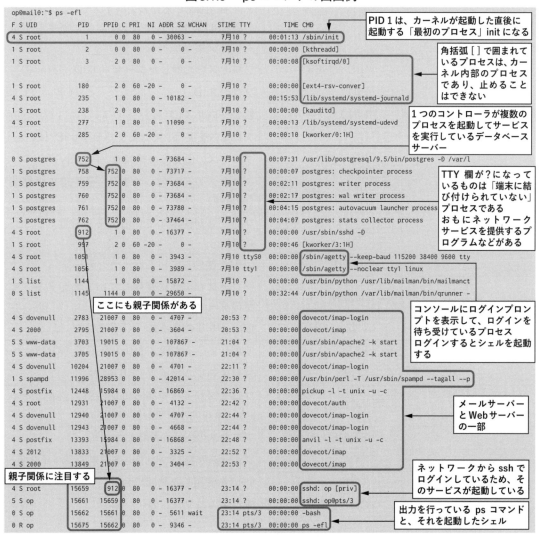

```
op@mail0:~$ ps -efl
 F S UID       PID   PPID C PRI  NI ADDR SZ WCHAN     STIME TTY          TIME CMD
 4 S root        1     0 0  80   0 - 30063 -         7月10 ?       00:01:13 /sbin/init
 1 S root        2     0 0  80   0 -     0 -         7月10 ?       00:00:00 [kthreadd]
 1 S root        3     2 0  80   0 -     0 -         7月10 ?       00:00:08 [ksoftirqd/0]

 1 S root      180     2 0  60 -20 -     0 -         7月10 ?       00:00:00 [ext4-rsv-conver]
 4 S root      235     1 0  80   0 - 10182 -         7月10 ?       00:15:53 /lib/systemd/systemd-journald
 1 S root      238     2 0  80   0 -     0 -         7月10 ?       00:00:00 [kauditd]
 4 S root      277     1 0  80   0 - 11090 -         7月10 ?       00:00:13 /lib/systemd/systemd-udevd
 1 S root      285     2 0  60 -20 -     0 -         7月10 ?       00:00:10 [kworker/0:1H]

 0 S postgres  752     1 0  80   0 - 73684 -         7月10 ?       00:07:31 /usr/lib/postgresql/9.5/bin/postgres -D /var/l
 1 S postgres  758   752 0  80   0 - 73717 -         7月10 ?       00:00:07 postgres: checkpointer process
 1 S postgres  759   752 0  80   0 - 73684 -         7月10 ?       00:02:11 postgres: writer process
 1 S postgres  760   752 0  80   0 - 73684 -         7月10 ?       00:02:17 postgres: wal writer process
 1 S postgres  761   752 0  80   0 - 73780 -         7月10 ?       00:04:15 postgres: autovacuum launcher process
 1 S postgres  762   752 0  80   0 - 37464 -         7月10 ?       00:04:07 postgres: stats collector process
 4 S root      912     1 0  80   0 - 16377 -         7月10 ?       00:00:00 /usr/sbin/sshd -D
 1 S root      997     2 0  60 -20 -     0 -         7月10 ?       00:00:46 [kworker/3:1H]
 4 S root     1051     1 0  80   0 -  3943 -         7月10 ttyS0    00:00:00 /sbin/agetty --keep-baud 115200 38400 9600 tty
 4 S root     1056     1 0  80   0 -  3989 -         7月10 tty1     00:00:00 /sbin/agetty --noclear tty1 linux
 1 S list     1144     1 0  80   0 - 15872 -         7月10 ?       00:00:00 /usr/bin/python /usr/lib/mailman/bin/mailmanct
 0 S list     1145  1144 0  80   0 - 29650 -         7月10 ?       00:32:44 /usr/bin/python /var/lib/mailman/bin/qrunner -

 4 S dovenull  2783 21007 0  80   0 -  4707 -         20:53 ?       00:00:00 dovecot/imap-login
 4 S 2000      2795 21007 0  80   0 -  3604 -         20:53 ?       00:00:00 dovecot/imap
 5 S www-data  3703 19015 0  80   0 - 107867 -        21:04 ?       00:00:00 /usr/sbin/apache2 -k start
 5 S www-data  3705 19015 0  80   0 - 107867 -        21:04 ?       00:00:00 /usr/sbin/apache2 -k start
 4 S dovenull 10204 21007 0  80   0 -  4701 -         22:11 ?       00:00:00 dovecot/imap-login
 1 S spampd   11996 28953 0  80   0 - 42014 -         22:30 ?       00:00:00 /usr/bin/perl -T /usr/sbin/spampd --tagall --p
 4 S postfix  12448 15984 0  80   0 - 16869 -         22:36 ?       00:00:00 pickup -l -t unix -u -c
 4 S root     12931 21007 0  80   0 -  4132 -         22:42 ?       00:00:00 dovecot/auth
 4 S dovenull 12940 21007 0  80   0 -  4707 -         22:44 ?       00:00:00 dovecot/imap-login
 4 S dovenull 12943 21007 0  80   0 -  4668 -         22:44 ?       00:00:00 dovecot/imap-login
 4 S postfix  13393 15984 0  80   0 - 16868 -         22:48 ?       00:00:00 anvil -l -t unix -u -c
 4 S 2012     13833 21007 0  80   0 -  3325 -         22:52 ?       00:00:00 dovecot/imap
 4 S 2000     13849 21007 0  80   0 -  3404 -         22:53 ?       00:00:00 dovecot/imap

 4 S root     15659   912 0  80   0 - 16377 -         23:14 ?       00:00:00 sshd: op [priv]
 5 S op       15661 15659 0  80   0 - 16377 -         23:14 ?       00:00:00 sshd: op@pts/3
 0 S op       15662 15661 0  80   0 -  5611 wait      23:14 pts/3   00:00:00 -bash
 0 R op       15675 15662 0  80   0 -  9346 -         23:14 pts/3   00:00:00 ps -efl
```

PID 1 は、カーネルが起動した直後に起動する「最初のプロセス」initになる

角括弧［ ］で囲まれているプロセスは、カーネル内部のプロセスであり、止めることはできない

1つのコントローラが複数のプロセスを起動してサービスを実行しているデータベースサーバー

TTY 欄が？になっているものは「端末に結び付けられていない」プロセスであるおもにネットワークサービスを提供するプログラムなどがある

ここにも親子関係がある

コンソールにログインプロンプトを表示して、ログインを待ち受けているプロセスログインするとシェルを起動する

メールサーバーとWebサーバーの一部

親子関係に注目する

ネットワークからsshでログインしているため、そのサービスが起動している

出力を行っている ps コマンドと、それを起動したシェル

psコマンドが出力する項目はオプションで変更できる。本書の範囲外の項目もあるが、次項で説明するtopコマンドとともに、主要な出力項目の説明を**図3.1.6**に示す。実際の出力例を見る際の参考にするとよい。

図3.1.6　ps/topコマンド出力の意味

ps（POSIX）	ps（BSD）	top	ヘッダー表記	意味
○	○	○	S / STAT	プロセスのステータス（Status）： ・D..スリープ中（割り込み不可） ・R..実行中または実行可能 ・S..スリープ中（割り込み不可） ・T..ジョブ制御により停止中 ・t..デバッガにより停止中 ・Z..終了しているが親に終了ステータス未通知 　※BSDスタイルでは2文字目に優先度を示す文字が加わる
○	○	○	UID /USER	プロセスを起動したユーザーのID（User ID）
○	○	○	PID	プロセスID
○			PPID	親のプロセスID
○		○	C	プロセスを実行しているプロセッサID（Core）
○		○	PRI / PR	プロセスの優先度の絶対値（Priority）
○		○	NI	プロセスのnice値。つまり、優先度の調整値（nice値）
○			SZ	プロセスが使用しているメモリ容量（ページ数単位）
	○	○	%CPU	CPUを使用しているパーセンテージ
	○	○	%MEM	プロセスが実際に使用している物理メモリ容量のパーセンテージ
	○	○	VSZ / VIRT	仮想メモリのサイズ（KB単位）
	○	○	RSS	使用している物理メモリのサイズ（KB単位）
		○	SHR	共有メモリのサイズ（KB単位）
○			WCHAN	プロセスが完了を待っているシステムコール（カーネル内ルーチン）の名前
○	○		STIME / START	プロセスの実行が開始した日時
○	○		TTY	プロセスが結びついている端末のデバイス名
○	○		TIME	CPUを使用した時間の合計
○	○		CMD / COMMAND	実行中のコマンド名

　プロセスの親子関係は、psコマンドでも確認できるが、親子関係を可視化してわかりやすく表示する「pstree」というコマンドもある。ぜひ、実機で試してほしい。

2　topコマンド

　psコマンドは、実行しているときのプロセスの状態を切り取って表示するコマンドである。psコマンドの実行にも、ある程度の時間がかかるため、コマンドの実行が終わったときには、すでにプロセスの状態は変わっている。変化を捉えるには、プロセスの状態を定期的に取得して画面に表示する「topコマンド」を使用する。実行中のプロセスを、CPUを消費している順や、メモリを多く消費している順に並び替えて表示することもできる、対話型のアプリケーションである。実際の画面を**図3.1.7**に示す。

図3.1.7　topコマンドの画面例

```
top - 10:19:07 up 167 days,  18:49,  1 user,  load average: 0.00, 0.01, 0.00    ①

Tasks: 178 total,   1 running,  177 sleeping,   0 stopped,   0 zombie           ②
%Cpu(s):  0.3 us,  0.5 sy,  0.0 ni, 99.0 id,  0.0 wa,  0.0 hi,  0.2 si,  0.0 st

KiB Mem :  4046112 total,   157932 free,   414144 used,  3474036 buff/cache      ③
KiB Swap:  4192252 total,  3958020 free,   234232 used.  3204480 avail Mem


  PID USER      PR  NI    VIRT    RES    SHR S %CPU %MEM     TIME+ COMMAND
11795 postfix   20   0   85676   8728   7716 S  2.0  0.2   0:00.10 smtpd
11730 postfix   20   0   67996   6124   5348 S  1.3  0.2   0:00.05 cleanup        ④
  995 opendkim  20   0  500120   6960   4968 S  0.7  0.2   5:19.94 opendkim
    7 root      20   0       0      0      0 S  0.3  0.0  81:35.79 rcu_sched
    1 root      20   0  120252   3812   2636 S  0.0  0.1   1:13.24 systemd
    2 root      20   0       0      0      0 S  0.0  0.0   0:00.96 kthreadd
    3 root      20   0       0      0      0 S  0.0  0.0   0:08.47 ksoftirqd/0
    5 root       0 -20       0      0      0 S  0.0  0.0   0:00.00 kworker/0:+
    8 root      20   0       0      0      0 S  0.0  0.0   0:00.00 rcu_bh
    9 root      rt   0       0      0      0 S  0.0  0.0   0:34.06 migration/0
   10 root      rt   0       0      0      0 S  0.0  0.0   1:10.86 watchdog/0
   11 root      rt   0       0      0      0 S  0.0  0.0   1:02.56 watchdog/1
   12 root      rt   0       0      0      0 S  0.0  0.0   0:34.68 migration/1
```

　①には、システムの負荷状況を示すロードアベレージと呼ばれる数値などが表示される。②には、プロセスとCPU利用に関する統計情報が表示される。③には、メインメモリとスワップの使用状況が表示される。①～③のいずれも、システム管理者にとって、システムの負

荷状況を知るための重要な情報である。画面下部には、psコマンドとほぼ同じ情報が表示されるが、定期的（デフォルトでは3秒ごと）に更新されて、かつ、指定した順番（デフォルトではCPUを多く使用する順）にソートされる。④は、メールサービスのプロセスが複数稼働していて、今メールが到着したことがわかる。

topコマンド実行中は、**図3.1.8**に示すコマンドを入力することで、表示順序などを切り替えることができる。

図3.1.8　topコマンドの機能

文字	機能
d	更新間隔を変更する
u	指定したユーザーのプロセスのみを表示する
x	ソートされているカラムを強調表示する
<	ソート対象のカラムを左に移動する
>	ソート対象のカラムを右に移動する
R	ソート方向を逆順にする（トグル）
F / f	・表示項目またはソート項目の選択画面に移動する ・上下矢印で項目に移動し、スペースでトグル、sでソート対象、qで元の画面の表示に戻る
k	・シグナル[2] を送信する ・PIDとシグナル種別を質問される
q	topコマンドの実行を終了する

紙面では、topコマンドの真価が伝わりにくいため、ぜひ、実機で試してほしい。また、実際にプロセスの状態を見るときにも、topコマンドを使うことが多い。

2) 本書の範囲外であるが、実行中のプロセスにイベントの発生を通知するメカニズムである。コマンドの実行中に^Cを入力すると、プロセスが強制終了するが、これがシグナルの働きの一つである。

3 freeコマンド

メモリの利用状況を表示するコマンドが、freeコマンドである。1-3で述べたとおり、アプリケーションが利用できるメモリは、システムに搭載されたメインメモリと、ディスクに用意されたスワップ領域の合計になる。freeコマンドは、メインメモリとスワップ領域それぞれの使用済みサイズと未使用サイズを表示する。-hオプションを使用すると、読みやすい形式で単位を表示する。freeコマンドの実行例を図3.1.9に示す。

図3.1.9 freeコマンドの実行例

```
op@mail0:~$ free -h
        total   used    free    shared  buff/cache  available
Mem :   3.9G    385M    182M    60M     3.3G        3.1G
Swap:   4.0G    228M    3.8G
```

メインメモリに表示されている欄の意味は、以下のとおりである。

①shared

複数のプロセスから共有できる特別なメモリ。おもに、/tmpディレクトリなど、メモリディスク（メインメモリの一部をディスクとして使用する）に利用される。

②buff/cache

直近にアクセスしたディスク内容を一時的に記憶している領域（1-3参照）。

③available

ただちにCPUが利用可能なメモリ容量。ファイルのキャッシュに利用している領域の大部分は「捨ててもよい」ため、buffer/cacheに近い値になることが多い。

第3編 コンピュータ資源の利用

1-5 ハードディスクの利用

多くのユーザーにとって、PCを使って作業するという場合、ハードディスクに記憶されたフィルを参照したり、ハードディスクに新しいファイルを作ったりすることといえる。ディスクについて、しっかり理解しておこう。

1 ディスクとボリューム

本節では、ハードディスクやSSD、さらに、USBメモリなどの「ファイルを保存するための装置」を総称して「ディスク[1]」と呼ぶことにする。ディスク、特にハードディスクは大容量であるため、一部だけを使用したいという要望がよくある。そこで、「パーティション」（partition）という技術と規格（約束事）が決められて利用されるようになった。partitionとは、区切る、分割するという意味であり、今でも便利に使用されている。

> 1) SSDやUSBメモリは「ディスク」ではないが、便宜上「ディスク」と呼んでおく。

ディスクの本質的な特徴は、次のようにまとめられる。

- 固定長（通常は512バイト～4Kバイト）のブロック単位[2]で読み書きする
- 任意のブロックを指定して読み書きできる（ランダムアクセス）
- ブロックには連続する番地（アドレス）が付けられている

> 2) ハードディスクでは「セクター」と呼ばれる。記憶する部分の形状が円弧状であることが由来である。

パーティションとは、範囲で区切って使用する方法である。たとえば、ブロック番号1～1000までをパーティション1番、ブロック番号1001～2000までをパーティション2番というように区切る。それぞれのパーティションの範囲がわかるように、パーティションテーブルと呼ばれる管理用の領域が必要となるが、現在は、おもに次の2つの規格が並存して使われている。

①MBR（BIOS）

MBR（Master Boot Record）と呼ばれる管理方法は、1983年にIBM PC XT[3]とともに開発され、現在も広く使われいる。ディスクの先頭1ブロックを使用するもので、以下のような特徴がある。

> 3) IBMから発売された初めてのハードディスク（容量10MB）搭載モデル。

- 2TBまでのドライブで使用できる（2TBを超える部分は使用できない）
- 基本パーティションを4個まで作成できる
- 旧来のBIOS（Basic Input Output System）の機能の一つ

使用できるストレージの容量が2TBまでのため、実機では使われなくなってきているが、クラウド上の仮想マシンでは、2TBを超える（仮想）ディスクを使用することが多くないため、現在も「手慣れた」

方法として広く使われている。

②GPT（UEFI）

　GPT（GUID[4] Partition Table）は、上記①のMBRの2TB制約を回避するためにつくられた新しい規格である。旧来のMBRに比べると、以下のような特徴がある。

- ドライブの容量に事実上の制限はない
- パーティションを128個まで作成できる
- CPUアーキテクチャに依存しない
- UEFIというBIOSに代わるファームウェアの機能の一つ
- OSインストール時に、OSのブートローダーなどが置かれるEFIシステムパーティションが自動的に作成される

　なお、UEFI（Unified Extensible Firmware Interface）は、当初はIntelとHewlett-Packerdによって32ビットシステム専用に開発され、現在は業界団体で管理されているファームウェア[5]の仕様である。

4) Global Unique IDentifier の略。特別なアルゴリズムで生成する128ビットの数値で、別々に生成しても同じ値にはならないという特徴がある。

5) 機器に組み込まれたソフトウェア。

2　フォーマット

　ディスクに作成したパーティションは、LinuxなどのOSからはそれぞれが独立した「ボリューム」（ディスク領域）として見えるようになっている。ボリュームは、単にディスクブロックの並びであり、そのままでは、ファイルやディレクトリを作成することができない。OSから利用可能にするには、「フォーマット」と呼ばれる作業を行って、パーティションにファイルシステムを作成する必要がある。Linuxでは、何種類かのファイルシステムを使用することができるが、本書の範囲を超えるため説明は省略する。

　なお、図3.1.10に、Linuxマシンでパーティションを操作するツールであるgpartedコマンドの画面例（GUIベースのツール）を示す。gpartedは、GNOME PARTition EDitorの略である。

図3.1.10　gpartedコマンドの画面例

第**3**編　コンピュータ資源の利用

1-6 ファイルシステム階層標準(FHS)

Linuxのファイルシステムは、ツリー状の柔軟な構造をもつことができる。ディストリビューションごとにディレクトリ名などが異なると不便なため、標準化が行われ、ガイドラインが作成された。現在は、Linuxだけでなく、BSD UNIXなどもそのガイドラインに則っている。

1 ファイルシステム階層標準とは

Linuxのファイルシステムの内容は、プログラム（コマンド）を含めてUNIXから踏襲したものが多い。Linux Foundationが策定したファイルシステム標準（Filesystem Hierarchy Standard）は、重要な標準化としてUNIXコミュニティにも広く支持されている。ファイルの種類ごとに、ディレクトリ構造を解説する。

2 プログラム（コマンド）

プログラムバイナリや、各種スクリプトなど、コマンドとして実行されるファイルは、図3.1.11に示すディレクトリに置かれる。

図3.1.11　プログラム（コマンドなど）のディレクトリ

ディレクトリ	コマンドの内容
/bin	・一般ユーザーも使用する基本的なコマンド ・システムメンテナンス時にも使用できる
/sbin	・システム管理者用のコマンド ・システムメンテナンス時にも使用できる
/usr/bin	・一般ユーザーが使用する大部分のコマンド ・システムメンテナンス時には必須ではない
/usr/sbin	・システム管理者用のコマンド ・システムメンテナンス時には必須ではない

なお、binという名前は、バイナリ（binary）に由来する。

3　ライブラリ

　コマンドやさまざまなアプリケーションが、実行時に必要とするライブラリファイルは、**図3.1.12**に示すディレクトリに置かれる。

図3.1.12　ライブラリのディレクトリ

ディレクトリ	ライブラリの内容
/lib	/binや/sbinにあるコマンドの実行に必要となるライブラリ
/lib64	/libと同じく/binや/sbinにあるコマンドの実行に必要となる、64ビットバージョンのライブラリ
/usr/lib	/usr/binや/usr/sbinにあるコマンドの実行に必要となるライブラリ
/usr/lib64	/usr/libと同じく/usr/binや/usr/sbinにあるコマンドの実行に必要となる、64ビットバージョンのライブラリ

　64ビットバージョンのライブラリを置くディレクトリは、FHSに定義されているものではないが、広く利用されている。

4　設定ファイル

　Linuxでは、さまざまなコマンドやアプリケーションが、独自の設定ファイルに基づいて動作する。設定ファイルの多くはテキストファイルであり、システム全体に影響するものは/etcディレクトリに置かれ、個人用のものは各人のホームディレクトリに「.」で始まる名前で置かれる。当然であるが、/etcディレクトリに置かれるファイルは、システム管理者のみが変更できる。全体用・個人用のいずれも、アプリケーションによってはディレクトリを作成して、ディレクトリの中に専用の設定ファイルを置くものもある。たとえば、Webサーバーとして広く使われているApacheの設定ファイルは、/etc/httpdディレクトリや、/etc/apache2ディレクトリに置かれる[1]。

　なお、設定ファイルの名前は、慣例として「rc」「.conf」「.cfg」などで終わることが多い。また、設定ファイルをまとめて置くディレクトリの名称は、「.d」で終わることが多い。慣例を知っておくと、ファイルを探すときに役に立つ。

1) ディストリビューションによって異なる。

5 可変ファイル

/varディレクトリには、頻繁に書き換えられるデータベースやログなどのファイルが置かれる（図3.1.13）。

図3.1.13　可変ファイルのディレクトリ

ディレクトリ	可変ファイルの内容
/var/log	各種のログファイル
/var/lib	パッケージデータベースやネットワーク接続情報など、永続的なデータ
/var/lock	・ロックファイル ・アプリケーションごとの実行制御に使用する
/var/spool	・処理待ちの一時ファイル ・印刷待ちのファイルや、実行待ちのジョブ定義ファイルなど
/var/tmp	・ユーザーやアプリケーションが使用する一時ファイル ・/tmpとは異なり、システムが再起動しても内容は消去されない

/varディレクトリには、一時的に大量の書き込みが行われるファイルが置かれることがある。このため、ルートファイルシステムやユーザーのホームディレクトリとは、異なるボリューム（パーティション）に置くことが望ましい。特に、ルートボリュームが一杯になると、さまざまなアプリケーションが動作を継続できなくなることがあるため、/varがあふれても影響が及ばないようにしておくのである。

6　ルート直下のディレクトリ

　前項までのほかにも、ルートには、**図3.1.14**のようなディレクトリが置かれる。

図3.1.14　ルート直下のディレクトリ

ルート	ディレクトリの内容と特徴
/home	ユーザーのホームディレクトリ
/root	rootユーザーのホームディレクトリ
/tmp	・一時ファイル ・システムが再起動すると内容がすべて消去される
/dev	デバイスノード（1-7参照）
/proc	カーネルやプロセスに関する情報を保持するファイル（1-7参照）
/sys	デバイスに関する情報を保持・設定するファイル（1-7参照）
/boot	カーネル本体やブートローダーなど、システムのブートに必須のファイル
/mnt	一時的にファイルシステムをマウントするディレクトリ
/media	DVD-ROMなどのリムーバブルメディアをマウントするディレクトリ
/run	・アプリケーションの実行ごとに変化するファイル ・PIDを記録したファイルなど
/opt	システムに標準ではないオプションのソフトウェアをインストールするディレクトリ

第**3**編

コンピュータ資源の利用

173

1-7 特別なディレクトリ

Linuxシステムには、通常のディレクトリ/ファイルとは異なる特別なディレクトリ/ファイルがいくつか存在する。システムにとって大切な働きをするものであるため、概要を理解しておこう。

1　/devディレクトリ

PCで使用できるデバイスは多種多様であり、固有の方法での操作が必要となる。デバイスごとの「固有の方法」と、Linuxカーネルの「やり方」の間を橋渡しする、「**デバイスドライバ**」というソフトウェアがある。Linuxには、極めて多種多様なデバイス用の「デバイスドライバ」が用意されており、一般的なディストリビューションにも多くが含まれている[1]。カーネルが起動する際、システムに存在するデバイスを探して、必要なデバイスドライバを自動的に組み込んでいる。

/devディレクトリには、デバイスドライバとインターフェイスするための特別なファイルである「デバイスノード」が置かれている。一般ユーザーが直接使用するものは少ないが、概念を理解しておこう。

デバイスノードには、「ブロックデバイス」と「キャラクタデバイス」の2種類があり、lsコマンドの-lオプションで表示される先頭の1文字で区別できる。「b」はブロックデバイス、つまり、ディスクである（ソフトウェアが実装する仮想的なものを含む）。「c」はキャラクタデバイスであり、ディスク以外のすべてのデバイスが該当する。

ブロックデバイスの例を**図3.1.15**に示す。

[1] デバイスドライバのバイナリは、/lib/modules/<カーネルバージョン>/kernel/driversディレクトリ以下に置かれている。

図3.1.15　ブロックデバイスの例

```
[op@centos ~]$ ls -l /dev/sd*
brw-rw----. 1 root disk 8, 0 12月 25 22:02 /dev/sda
brw-rw----. 1 root disk 8, 1 12月 25 22:02 /dev/sda1
brw-rw----. 1 root disk 8, 2 12月 25 22:02 /dev/sda2
brw-rw----. 1 root disk 8, 3 12月 25 22:02 /dev/sda3
```

sdaが1番目のディスクであり、sda1はsdaの1番目のパーティション、sda2はsdaの2番目のパーティションとなる。

キャラクタデバイスの例を**図3.1.16**に示す。

図3.1.16 キャラクタデバイスの例

```
[op@centos ~]$ ls -l /dev/ttyS*
crw-rw----. 1 root dialout 4, 64 12月 25 22:02 /dev/ttyS0
crw-rw----. 1 root dialout 4, 65 12月 25 22:02 /dev/ttyS1
crw-rw----. 1 root dialout 4, 66 12月 25 22:02 /dev/ttyS2
crw-rw----. 1 root dialout 4, 67 12月 25 22:02 /dev/ttyS3
```

ttySは、RS-232Cシリアル通信[2]の接続ポートである。仮想的な
キャラクタデバイスには、以下のように、一般ユーザーも便利に使え
るものがある。

① **/dev/null**

何を書き込んでも何もせずに消去するため、出力を捨てたいときに
リダイレクト先として指定する。また、読み出すとすぐに「EOF」
（End Of File/ファイルの終わり）を返すため、入力が必要だが内容
は不要のときにリダイレクト元として参照する。

② **/dev/zero**

読み出すと、指定した数の0（ヌル文字）を返す。

③ **/dev/urandom**

読み出すと、ランダムなデータを返す。

[2] 現在も、ルーターや組み込み用ボードなどと接続するために使用することがある。

2 /sysディレクトリ

前項の/devディレクトリに置かれるデバイスノードは、UNIX以
来の伝統的なインターフェイスである。一方、/sysディレクトリに
は、新しいLinux独自の「デバイスドライバとのインターフェイス」
を提供するファイルが置かれている。ファイルといっても、ディスク
上に置かれるものではなく、読み書きを行うことでデバイスドライバ
や管理ルーチンとのやり取りを行う仮想的なものである。

たとえば、ファイル/sys/class/block/sda1/sizeを読み出すと、1番
目のドライブ（sda）の1番目のパーティションのサイズが、ブロック
数を単位として読み出せる。あるいは、ファイル/sys/class/net/
ens33/addressを読み出すと、ネットワークインターフェイスens33
のリンクレイヤ層のアドレス（MACアドレス）を読み出せる。

3 /procディレクトリ

/procディレクトリには、カーネルのさまざまなパラメータや統計
情報、実行中のプロセスに関する情報にアクセスするためのインター
フェイスとなるファイルが置かれている。/procディレクトリに置か

れているファイルも、前項の/sysディレクトリと同様に、ディスク上に置かれているものではない。読み出したときに、自動的に内容が生成される。

　/procディレクトリには多くの数字を名前とするディレクトリがあるが、数字はプロセスID（PID）を意味している。各ディレクトリの中には、「プロセスに関する情報」を収めた仮想的なファイルが置かれている。/procディレクトリにあるファイルを参照することで、システムの状態や、実行中のプロセスの状態すべてを参照できる。本書で紹介しているpsコマンド（GNU版のprocps-ng）は、/procディレクトリにあるファイルを参照して、見やすく表示しているのである。

　また、プロセスの状態だけではなく、カーネルの動作状態などを保持しているファイルもある。そのなかには、管理者がパラメータを書き込むことで、カーネルの動作を調整することができるものもある。図3.1.17に/procディレクトリを参照している例を示す。

図3.1.17　/procディレクトリの例

```
[op@centos ~]$ cat /proc/cpuinfo        ← CPU 情報がコアの数だけ表示される
processor       : 0
vendor_id       : GenuineIntel
cpu family      : 6
model           : 158
model name      : Intel(R) Core(TM) i7-8700B CPU @ 3.20GHz
stepping        : 10
microcode       : 0xc8
cpu MHz         : 3191.588
cache size      : 12288 KB
physical id     : 0
siblings        : 1
core id         : 0
cpu cores       : 1
apicid          : 0
        以下省略
[op@centos ~]$ cat /proc/cmdline        ← カーネル起動時のコマンドラインが表示される
BOOT_IMAGE=/vmlinuz-3.10.0-1062.1.2.el7.x86_64 root=/dev/mapper/centos-root ro
crashkernel=auto rd.lvm.lv=centos/root rd.lvm.lv=centos/swap rhgb quiet
LANG=ja_JP.UTF-8

[op@centos ~]$ ps        ← 自分のログインシェルの PID を調べる
  PID TTY          TIME CMD
 2168 pts/0    00:00:00 bash
 2645 pts/0    00:00:00 ps
[op@centos ~]$ cat /proc/2168/cmdline        ← プロセスが起動されたときのコマンドラインを確認する
-bash
```

　図3.1.17に2つの例を示したが、ほかにも本章で紹介した内容と関連するファイルがいくつかあるため、図3.1.18に簡単に紹介しておく。

図3.1.18　/procディレクトリのファイル

ファイル名	意味・役割
/proc/devices	/devにあるデバイスの一覧とその番号
/proc/meminfo	メモリ使用状態の詳細な情報
/proc/modules	組み込まれているカーネルモジュール（デバイスドライバを含む）の一覧
/proc/swaps	使用中のスワップ領域の一覧（デバイス名と使用状況）
/proc/partitions	ディスクパーティションの一覧（デバイス名、要領、デバイス番号）
/proc/version	実行中のカーネルの詳細なバージョン

　特別なインターフェイスを使わずに、仮想的なファイルを読み書きすることでカーネルとの間で情報のやり取りをするという、この/procディレクトリのアイディアは、大変に優れたLinuxの特徴の一つであり、現在ではBSD UNIXなど他のOSにも導入されている。

第**3**編　コンピュータ資源の利用

2-1 ネットワークのレイヤー

現代は、インターネットに接続しているのが当然となっている。Linuxは、インターネットサーバーやルーターとしての利用も多く、まさにインターネットの根幹を担うOSの一つである。まず、インターネットでの通信の仕組みを理解しておこう。

1 ネットワークサービス

インターネットは、もはや日々の生活に欠かせないものである。ブラウザでWebを見て買い物をする、メールを送受信する、クラウドストレージに置かれたファイルを開いて編集するといった作業が日々行われている。この作業を技術的に端的にまとめると、手元のマシンで動いている「**クライアントアプリケーション**」と、インターネット上のサーバーで動いている「**サービスプログラム**[1]」が、あらかじめ決められた手順でデータをやり取りしているということである。「クライアントアプリケーション」と「サービスプログラム」を指して、「**エンドポイント**」（end point）と呼ぶ。

1台のマシンで動作している多数のエンドポイントが、同時にさまざまな相手と通信できるように、やり取りするデータをパケット（packet）という小さなデータブロックに分割し、それを単位として送受信の処理を行っている。

1) サーバーと呼ぶのが一般的だが、サーバー装置と区別するために、本書ではサービスプログラムと呼ぶことにする。Linux/UNIXでは、めだたず密かに動いているため、「デーモン」（Daemon）という呼び方もする。

2 ネットワークの階層（レイヤー）

ネットワークの仕組みは、実現する機能ごとに階層化して理解するとわかりやすい。インターネットで使用されているTCP/IPの場合は、次の4つのレイヤーに分類するのが一般的である。

①アプリケーション層

エンドポイント同士がやり取りする方法を規定する。たとえば、コマンドの表現方法や応答のデータ形式など。

②トランスポート層

エンドポイント同士が通信相手を正しく区別する方法を規定する。

③インターネット層

エンドポイントがあるそれぞれのマシンを正しく区別して、マシン間でデータをやり取りする方法を規定する。

④リンク層

ネットワークインターフェイスの物理的・電気的な仕様と、ネットワークインターフェイス間での通信方法を規定する。EthernetやWifi

がこのレイヤーに相当する。

レイヤーの分類は、上記①〜④の各階層それぞれが行う処理を整理することで、レイヤーごとの技術を別の技術に切り替えられるようにするための考え方である。

3 トランスポート層（TCPとUDP）

Linuxでは、**ソケット**（Socket）と呼ばれるインターフェイスを使用して、ネットワーク通信とファイルの読み書きが統合されている。アプリケーションは、ファイルを開く代わりに、宛先マシンのIPアドレスと、「ポート番号」と呼ばれる16ビットの整数（0〜65535）を使用して通信相手との通信路を開く。そして、ファイルを読み書きするのと同じ方法で、相手のエンドポイントとの間でデータの読み書きを行う。

トランスポート層で主に使用するプロトコルが、TCP（Transmission Control Protocol）とUDP（User Datagram Protocol）である。TCPは、信頼性のある双方向のバイト列（ストリーム）としての「通信路」を提供するものである。データがパケットに分割されて送受信されることを意識する必要がないため手軽であり、幅広くさまざまなアプリケーションで使用される。

もう1つのUDPは、データブロック[2]を一方的に送るだけの極めてシンプルなものである。シンプルであるため処理が簡単で速く、リアルタイム性が必要な音声や映像の伝送などに使用される。

この「ポート番号」は、IANAという国際団体によって、ネットワークサービスごとに規定されている。主なポート番号を**図3.2.1**にまとめておく。

2)「データグラム」と呼ばれる。本書の範囲外のため詳細は省略する。

図3.2.1 主なポート番号

ポート番号	サービス名	主な用途
80	HTTP	Webサービス（Hyper Text Transfer Protocol）
443	HTTPS	暗号化されたWebサービス（Hyper Text Transfer Protocol Secure）
25	SMTP	メール転送（Simple Mail Transfer Protocol）
110	POP3	メール受信（Post Office Protocol Version 3）
143	IMAP	メール受信（Internet Mail Access Protocol）
587	submission	メール送信（mail message submission）
53	domain	DNS（Domain Name Service）
123	ntp	時刻合わせ（Network Time Protocol）
22	SSH	リモートログイン（Secure Shell）

第3編 コンピュータ資源の利用

2-2 インターネット層

IPパケットを指定のマシンに伝送する方法は、インターネットを支える中心の技術といえる。特に、それぞれのマシンを特定する「IPアドレス」について正しい知識を持つことは、極めて重要である。

1 インターネット層（IP）

前項のTCP/UDPのパケットに「宛先マシン」を示すアドレスなどを付加したものが「IPパケット」である。なお、IPとは、Internet Protocolの略であり、IPパケットを宛先のマシンに届けることが、インターネット層の働きである。

なお、IPプロトコルにはバージョン4（IPv4）とバージョン6（IPv6）があり、並行して利用されている。現在はまだIPv4の利用が中心であるが、すでにIPv4の限界が問題になっているため、新規に策定されたIPv6の利用が増えつつある。

2 IPアドレス（IPv4）

伝統的なIPv4のアドレスは、32ビットの数値である。歴史的な経緯から、32ビットを8ビットずつに区切り、それぞれを「.」（ドット）で区切った4つの10進数で表現する（**図3.2.2**）。

図3.2.2　IPアドレスの表記

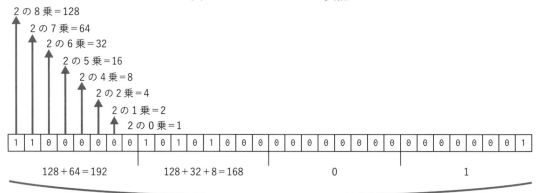

192.168.0.1

アドレスは、さらに2つの部分から成る。上位8〜30ビットが「ネットワーク部」、残りの24〜2ビットが「ホスト部」である。ネットワーク部は、2-3の「ルーティング」に使用され、ホスト部は、1つの「ネットワークセグメント」で各ホストを区別するために使用され

る。ネットワーク部の長さを示すために、アドレスの後に「/」スラッシュで区切ってビット数[1] を記載する。たとえば、「192.168.0.1/24」などである。あるいは、ネットワーク部のビットをすべて1とした値を、IPアドレス同様にドットで区切った4つの10進数で示すこともあり、「サブネットマスク[2]」と呼ぶ。プレフィックス長22の場合の例を図3.2.3に示す。

1) プレフィックス長と呼ぶ。

2) IPアドレスとビットマスクのビットごとの論理積を取ると、ネットワーク部のみを取り出すことができる。

図3.2.3　プレフィックス長22の表記

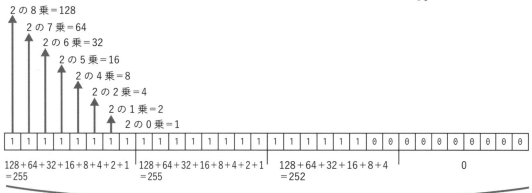

プレフィックス長が22ビットの場合、ホスト部に使用できるのは10ビットであるから、2の10乗 = 1,024となる。ホスト部がすべて0のアドレスは「ネットワークのアドレス」として扱われるため、ホストには使用できない。ホスト部がすべて1のアドレスは「**ブロードキャスト**」（broadcast）と呼ばれ、ネットワークに属するすべてのマシンへの同報に使われるため、これもホストには使用できない。このため、プレフィックスが22のネットワークには、1,022台までのマシンを置けることになる。

以前は、プレフィックス長として固定値8・16・24のみを使用しており、プレフィックス長8をクラスA・プレフィックス長16をクラスB・プレフィックス長24をクラスCと呼んでいた。しかし、インターネットの急激な普及により、IPv4のアドレス（約43億個）では不足であることなどが明らかになり、ネットワーク部をフレキシブルに指定できるようにクラスの考え方は廃止された。現在の、ネットワーク部の長さを自由に指定できる方法を、CIDR（サイダー/Classless Inter-Domain Routing）と呼ぶ。

第**3**編　コンピュータ資源の利用

181

2-3 IPのルーティング

インターネットにおいて、どのようにIPパケットが伝送されていくかを見ていこう。出発点は、オフィスや宅内のLAN（Local Area Network）に接続されたパソコンやスマートフォンである。

1　セグメントとリンク層

IPネットワークを構成する最小の単位は、「セグメント」（segment）と呼ばれる、IPアドレスの「ネットワーク部が同じ」である機器のグループである。現実の機器構成でいえば、「ハブ」または「L2スイッチ」に接続された機器にあたる。1つのセグメント内では、IPパケットが「リンク層」の機能を使って直接相手のマシンに送られ、伝送が完了する。異なるセグメント、つまり、ネットワークアドレスが異なるアドレスに宛てられたIPパケットは、まず、セグメントに1台だけ存在する「デフォルトルーター」に宛ててIPパケットを送信する。

2　ルーティング

IPパケットは、ルーターによって接続されたセグメントを渡り歩いて、目的地へと近づいていく。概念を図3.2.4に示す。

図3.2.4　ルーティングサンプルのネットワーク構成

宛先	送付先
172.16.2.0/24	IF1
10.8.8.128/25	IF2
192.168.1.0/24	172.16.2.254
Default	IF3

※ IFxはネットワークインターフェイス

宛先	送付先
172.16.2.0/24	IF1
192.168.1.0/24	IF2
Default	172.16.2.1

Internet

IF3

10.8.8.254
IF2

172.16.2.1　IF1

172.16.2.0/24

IF1　172.16.2.254

IF2　192.168.1.1

192.168.1.0/24

10.8.8.128/25

　ルーターは、隣接するルーターのIPアドレスと、そのルーターから至れるネットワークアドレスの一覧表（ルーティングテーブル）を持っている。ルーターがIPパケットを受信すると、宛先アドレスからネットワーク部を取り出して、ルーティングテーブルに一致するアドレスを探す。アドレスがあれば、該当する隣接ルーターに宛ててIPパケットを転送する。ルーティングテーブルに一致するネットワークアドレスがなければ、パケットを受信したセグメントとは異なるセグメントにあるデフォルトルーターにIPパケットを転送する[1]。

　デフォルトルーターの連鎖により、複数台のルーターを通過すると、多くの場合[2]は、ISP（Internet Service Provider）のルーターに到達する。ISPが運用しているルーターは、他のISPや通信事業者と「経路（ルーティング）情報の交換」を行い、インターネット全域に至れるだけの巨大なルーティングテーブルを維持している。デフォルトルートに頼ることなく、宛先ネットワークに至る「次のルーター」がわかるため、そこに宛ててIPパケットを転送する。パケットは、いくつものISPや通信事業者のルーターを経由して、目的とする宛先IPアドレスのマシンに到達するのである。

3　ルーティングされないアドレス

　IPv4のアドレス範囲には、規格上予約されている、インターネット上では使用できない特別なアドレスがいくつかある。以下は、利用頻度が高く目にする機会も多いため、しっかりと覚えておこう。

①ローカルホストアドレス：127.0.0.1/32

　常にlocalhost、つまり自分自身を指すアドレス。Linuxでは、loという名前の仮想ネットワークインターフェイスに必ず割り当てられる。

②プライベートアドレス：10.0.0.0/8、172.16.0.0/12、192.168.0.0/16

　組織内部での利用に限って、ユーザーが自由に範囲内のアドレスを使用できるアドレス。組織内ではルーティングされるが、インターネットとの境界に置かれるルーター（エッジルーター）で、NAT（Network Address Translation/）という仕組みを使って、数個のパブリックアドレスに変換してからインターネットに送り出される。

③リンクローカルアドレス：169.254.0.0/16

　セグメント内に限って使用できるアドレス。IPアドレスの割り当てに失敗した場合などに、ホストが自動的に使用することがある。

　IPv4のパブリックアドレスはすでに枯渇しているため、②のプライベートアドレスの利用が極めて重要である。

[1] それぞれのルーターは、「次のルーター」を選択してそこにパケットを送るだけである。Hop by hopな処理と呼ばれる。

[2] 一般企業の場合。一部の大企業や大学などでは、ISPと同様の運用を行っていることもある。

第3編　コンピュータ資源の利用

2-4 IPv6

IPv6は、IPv4の問題点を解消するために策定された規格である。重要性が増しているため、IPv4との違いとアドレスについて理解しておこう。

1　IPv6の特徴

IPv6は、IPv4の致命的な問題、つまり、アドレスの総数（約43億個）が少なく、すでに使い果たしてしまったという問題を根本的に解決する切り札である。大幅な進展が期待されるIoT[1]では、膨大な数のデバイスがインターネットに接続することが見込まれるため、必須の技術である。

1）組込機器によるネットワーク利用。

IPv4との比較でのIPv6の大きな特徴は、以下のとおりである。

①実用上無限のIPアドレス範囲

IPv4の32ビットアドレスに代えて、IPv6では128ビットのアドレスが使用される。アドレスの総数は、IPv4が43億であるのに対して、340兆の1兆倍の1兆倍という事実上無限といえるものになる。

②アドレスの自動設定

機器が利用するIPアドレスを、自動的に設定する方法が標準化された。これによりシステム管理者がIPアドレスを設定しなくても、自動的にネットワークに接続できる。

③セキュリティ機能の強化

IPパケット自体を暗号化するIPsec（アイピーセック）が標準機能[2]となり、必要な場合には強固なセキュリティを実現できる。

2）すべての機器がIPsecに対応しているわけではない。

なお、IPv6のアドレス範囲にも、以下のように特別なアドレスがある。

Ⓐローカルホストアドレス： ::1

IPv4のローカルホストアドレスと同じであり、常に自分自身を指すアドレス。

Ⓑユニークローカルアドレス：fc00::/7

IPv4のプライベートアドレスに相当するものだが、IPv6ではパブリックアドレスがいくつでも使用できるため、ほとんど使用しない。

Ⓒリンクローカルアドレス：fe80::/10

IPv4ではオプションであったリンクローカルアドレスが、IPv6では必須のものとなっている。アドレスは自動的に付けられるため、ユーザーが設定する必要はない。

2　IPv6アドレスの表記方法

IPv6の詳細は、本書の範囲を超えるため省略するが、IPv6アドレスの表記方法は覚えておこう。

アドレスが128ビットと長いため、16ビットずつ8つのグループに分けたうえで、16進数でアドレスを表記する（**図3.2.5**）。

図3.2.5　IPv6アドレスの表記

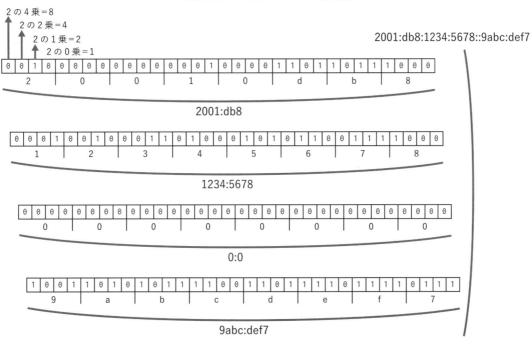

すべての桁を表記すると40桁の長さになってしまうので、表記を短くするための以下の記法が定められている。

- ブロックごとの先頭の0は省略する
- すべて0のブロックが連続する場合は「::」で表記を1回だけ省略できる

ルーティングの考え方は、IPv4と同じであり、ビット数が多くなるだけである。アドレス範囲が膨大なため、プレフィックス長は「/64」で固定となるが、ネットワークの大きさに合わせて、ルーティングに何ビットを使用するかを柔軟に設定できる。

第3編　コンピュータ資源の利用

2-5 ネットワーク設定の確認

2-1〜2-4でTCP/IPの基礎知識を学んだところで、手元マシンの設定を確認してみよう。なお、設定を行うのはシステム管理者であり、本書の対象外となるため、本節では確認方法だけを示す。

1 IPアドレスの確認

Linuxでは、マシンのIPアドレスを設定・確認するコマンドは過渡期にあり、新しいipコマンドと旧来からのifconfigコマンドが混在している。当然、今後はipコマンドが主流になると考えられるが、ipコマンドが入っていない古いマシンも多く残るため、新旧両方を覚えておくとよい。

図3.2.6に、新旧両方のコマンドを使用して、IPアドレスを確認している例を示す。図3.2.6のマシンは、1つのEthernetインターフェイスを持っており、IPv6も有効であることがわかる。

図3.2.6　IPアドレスの確認

```
[op@centos ~]$ ip address show
1: lo: <LOOPBACK,UP,LOWER_UP> mtu 65536 qdisc noqueue state UNKNOWN group default qlen
   1000
   link/loopback 00:00:00:00:00:00 brd 00:00:00:00:00:00
   inet 127.0.0.1/8 scope host lo                    ← IPv4 の localhost アドレス
      valid_lft forever preferred_lft forever
   inet6 ::1/128 scope host                          ← IPv6 の localhost アドレス
      valid_lft forever preferred_lft forever        インターフェイス名と状態
2: ens33: <BROADCAST,MULTICAST,UP,LOWER_UP> mtu 1500 qdisc pfifo_fast state UP group
   default qlen 1000
   link/ether 00:0c:29:7b:5a:0d brd ff:ff:ff:ff:ff:ff    IPv4 のアドレスと
   inet 192.168.29.172/24 brd 192.168.29.255 scope global dynamic ens33   ブロードキャストアドレス
      valid_lft 10766sec preferred_lft 10766sec
   inet6 2001:db8:c960:f7:20d:29ff:fe7b:5a0d/64 scope global mngtmpaddr dynamic   IPv6 のアドレス（グローバル）
      valid_lft 14365sec preferred_lft 14365sec
   inet6 fe80::20d:29ff:fe7b:5a0d/64 scope link       ← IPv6 のアドレス（リンクローカル）
      valid_lft forever preferred_lft forever
```

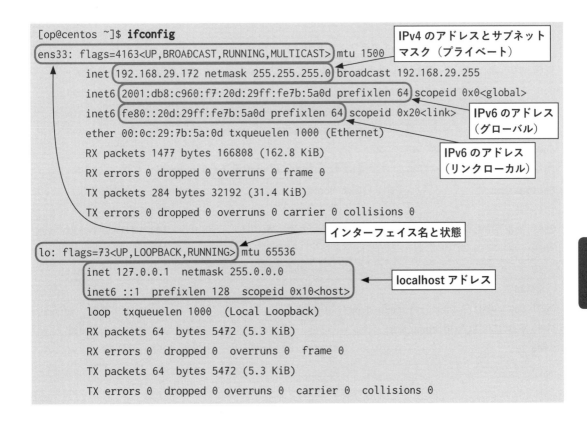

2　ルーティングテーブルの確認

　新しいipコマンドは、IPネットワークに関する情報表示・設定などを一元的に行うコマンドである。ip routeコマンドを使用すると、ルーティングテーブルの内容を表示する。ipコマンド以前の古いツールでは、routeコマンドが同様の働きをする。**図3.2.7**に新旧両方のコマンドを使用して、ルーティングテーブルを確認している例を示す。

図3.2.7　ルーティングテーブルの確認

```
op@ubuntu:~$ ip route show
default via 192.168.29.254 dev ens33 proto dhcp src 192.168.29.180 metric 100
192.168.29.0/24 dev ens33 proto kernel scope link src 192.168.29.180
192.168.29.254 dev ens33 proto dhcp scope link src 192.168.29.180 metric 100
op@ubuntu:~$ ip -6 route show
2001:db8:c960:f7::/64 dev ens33 proto ra metric 100 pref medium
fe80::/64 dev ens33 proto kernel metric 256 pref medium
default via fe80::2a0:deff:fe66:ba6f dev ens33 proto ra metric 100 mtu 1500 pref medium
```

IPv4のデフォルトルーター

LANに対する経路（IPv4）

LANに対する経路（IPv6）

IPv6のデフォルトルーター
リンクローカルアドレスで自動割り当て

第3編　コンピュータ資源の利用

187

```
op@ubuntu:~$ route -n
カーネルIP経路テーブル          [IPv4 のデフォルトルーター]
受信先サイト    ゲートウェイ  ネットマスク   フラグ   Metric  Ref   使用数   インタフェース
0.0.0.0        192.168.29.254  0.0.0.0              UG      100    0       0 ens33
192.168.29.0    0.0.0.0        255.255.255.0        U       0      0       0 ens33
192.168.29.254  0.0.0.0        255.255.255.255      UH      100    0       0 ens33
op@ubuntu:~$ route -6 -n
カーネルIPv6 経路テーブル            [IPv6 のデフォルトルーター]
Destination                    Next Hop                     Flag Met Ref Use If
::1/128                        ::                           U    256 1   0 lo
2001:db8:c960:f7::/64          ::                           U    100 1   0 ens33
fe80::/64                      ::                           U    256 1   0 ens33
::/0                           fe80::2a0:deff:fe66:ba6f     UG   100 1   0 ens33
::1/128                        ::                           Un   0   4   3 lo
2001:db8:c960:f7:250:56ff:fe3b:cbda/128 ::                       Un   0 2 0   ens33
fe80::250:56ff:fe3b:cbda/128   ::                           Un   0   2   0 ens33
ff00::/8                       ::                           U    256 3   85 ens33
::/0                           ::                           !n   -1  1   1 lo
```

　図3.2.7のマシンは、ネットワークインターフェイスが1つだけのため、興味深い内容はデフォルトルーターくらいである。ただし、自動構成されたリンクローカルアドレスに対するルーティングも定義されている。どちらのコマンドも、デフォルトではIPv4のルーティングテーブルが表示され、-6オプションを付けるとIPv6のルーティングテーブルを表示する。古いrouteコマンドに対する-nオプションは、ホストやネットワークの名前ではなく、IPアドレスでの表示を指示するものである。

3　ネットワークの稼働の確認

　ネットワークサービスにつながらないというトラブルが発生したときは、調べる対象が非常に広くなる。手元のマシンが問題なのか、相手のサーバーが問題なのか、あるいは、ネットワークが問題なのか。まず、対象を切り分けたうえで対策を行う必要があるが、そのときに最初に使用するのがpingコマンドである。

　pingコマンドは、指定したマシンに対してパケットを送信し、応答が返ってくるか、応答にどれくらいの時間がかかったかを表示するコマンドである。応答があれば、相手のサーバーがネットワーク的に「生きて」いて、ネットワークには問題がないことがわかる。応答がない場合、ネットワーク的なエラーが検出されれば、エラーメッセージが表示される。対策には、表示されたメッセージを添えてシステム管理者に問い合わせるのがよいだろう。pingコマンドの引数にホスト名を指定した場合、IPv6アドレスが有効であればIPv6アドレスで、無効であればIPv4アドレスで、診断パケットが送信される。IPのバージョンを指定したい場合は、-4オプション（IPv4）または-6オプション（IPv6）を指定する。実行例を図3.2.8に示す。

図3.2.8　ネットワークの稼働の確認

```
[op@centos ~]$ ping 192.168.0.19  ←  宛先はIPアドレスでも、ホスト名でも指定できる

PING 192.168.0.19 (192.168.0.19) 56(84) bytes of data.

64 bytes from 192.168.0.19: icmp_seq=1 ttl=64 time=0.382 ms   応答に要した時間
                                                              同一LANの場合
64 bytes from 192.168.0.19: icmp_seq=2 ttl=64 time=0.605 ms

^C  ←  ^Cの入力で終了して、統計情報が表示される

--- 192.168.29.19 ping statistics ---

2 packets transmitted, 2 received, 0% packet loss, time 1001ms

rtt min/avg/max/mdev = 0.382/0.493/0.605/0.113 ms

[op@centos ~]$ ping 203.0.113.33

PING 203.0.113.33 (203.0.113.33) 56(84) bytes of data.

64 bytes from 203.0.113.33: icmp_seq=1 ttl=54 time=4.86 ms   応答に要した時間
                                                            インターネットの場合
64 bytes from 203.0.113.33: icmp_seq=2 ttl=54 time=4.06 ms

64 bytes from 203.0.113.33: icmp_seq=3 ttl=54 time=3.76 ms

^C

--- 203.0.113.33 ping statistics ---

3 packets transmitted, 3 received, 0% packet loss, time 2005ms

rtt min/avg/max/mdev = 3.764/4.231/4.869/0.467 ms
```

　なお、セキュリティ上のポリシーにより、pingコマンドへの応答を返さないように設定されているホストやルーターも多い[1]。

1）インターネット上のサーバーなどはほとんどが応答しないため、診断には使用できない。

第3編　コンピュータ資源の利用

189

4 アプリケーションの通信状態の確認

2-1で述べたとおり、Linuxのアプリケーションは、IPを直接使うのではなく、ソケットというインターフェイスを使ってTCP/UDPで通信する。ソケットの状態を確認すると、アプリケーションの動作状態の確認にもなる。ソケットの状態を確認するコマンドも、新しい「ssコマンド[2]」と、旧来からの「netstatコマンド」が併存している。新旧両方の実行例を図3.2.9に示す。図3.2.9は、インターネット上で稼働中の小規模なメールサーバーのもの[3]である。

2) Socket Statistics の略。

3) IPアドレスは、例示用のものに置き換えている。

図3.2.9　アプリケーションの通信状態の確認

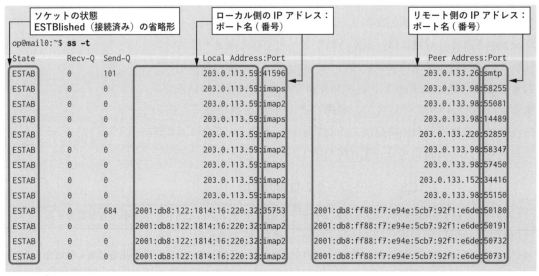

190

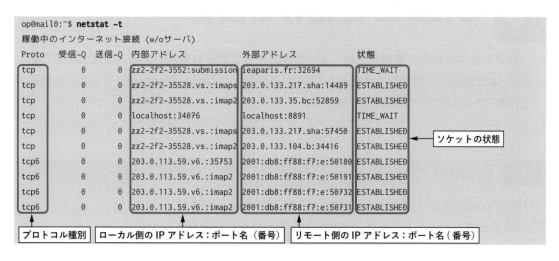

新旧いずれのコマンドも、表示するソケットを絞り込むための条件
指定を中心に、多数のオプションがある。主要なオプションを図
3.2.10に示す。

図3.2.10　ssコマンドオプションとnetstatコマンドオプション

ss コマンドオプション	netstat コマンドオプション	意味
-t	-t	TCPソケットを表示する
-u	-u	UDPソケットを表示する
-x	-x	UNIXドメインソケットを表示する （ローカルホスト内でのプロセス間通信に使用するソケット）
-l	-l	接続待ち（listing）中のソケットを表示する
-4	-4	IPv4のルーティングテーブルを表示する
-6	-6	IPv6のルーティングテーブルを表示する
-n		サービス名ではなくポート番号で表示する
	-n	名前ではなくアドレス/番号で表示する

第3編

コンピュータ資源の利用

2-6 DNSの仕組みと設定

> IPアドレスは数字の羅列のため、ユーザーにとってわかりやすい名前と対応づける仕組みが必要である。対応づける仕組みがDNS（Domain Name System）である。仕組みと設定ファイルについて理解しておこう。

1 DNSの仕組み

DNSは、巨大な分散型データベースシステムである。DNSにより、「ホスト名」と「IPアドレス」を対応付けて、相互に変換できるようになる。ドメインごとに用意する「DNSコンテンツサーバー」を、世界各地に置かれた13台の「ルートサーバー」[1]を頂点とする巨大な木構造に連携させ、膨大な数の問い合わせを処理している。DNSは、インターネットを支える最も重要なアプリケーションである（**図3.2.11**）。

1) ルートサーバーの1台は日本にあり、WIDEプロジェクトによって運営されている。

図3.2.11　DNSの概要図

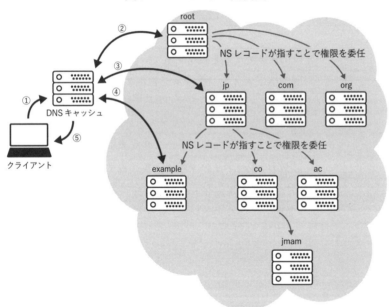

DNSサーバーには、「DNSコンテンツサーバー」と「DNSキャッシュサーバー」の2種類がある。コンテンツサーバーは、管理するドメインに関するホスト名とIPアドレスを保持して、インターネットに対してサービスするものである。キャッシュサーバーは、クライアント機器の近くに置いて、クライアントからの問い合わせを実際に検索するものである。DNSでは、問い合わせの対象となる情報を「リ

ソースレコード」（resource record/RR）と呼ぶ。主なリソースレ
コードを**図3.2.12**に示す。

図3.2.12　リソースレコードの意味

タイプ	表記	意味
アドレス	A	ホスト名からIPv4アドレスを検索する
アドレス	AAAA	・ホスト名からIPv6アドレスを検索する ・IPv4アドレスの4倍の長さのため、Aが4個となる
別名	CNAME	ホスト名（別名）に対して、正規名を返す
ポインタ	PTR	・ホスト名に対して、「正規化した文字列」を返す ・IPアドレス範囲を示すドメイン（in-addr.arpaまたはip6.arpa）を検索し、指定されたアドレスを持つホスト名を検索する「逆引き」に使われる
テキスト	TXT	ホスト名に対する、付加的な情報を示すテキストを返す
ネームサーバー	NS	・ドメイン名から、ドメインを（公式に）管理しているネームサーバーを検索する ・IPアドレスが返される
電子メール交換	MX	・Mail eXchangeの意 ・ドメイン名に対する電子メールの送り先（メールサーバー）を検索する ・ホスト名が返される
権威	SOA	・Start Of Authorityの意 ・ドメイン名に対するメインのネームサーバー、管理者のメールアドレスなどが返される

　DNSクライアントとして動作する大多数のマシンでは、IPアドレ
スの設定と同時に、利用するDNSキャッシュサーバーのIPアドレス
を設定する。DHCPによる自動割り当てを行っている場合は、自身の
IPアドレス、デフォルトルーターのアドレスとともに、最寄りの
DNSキャッシュサーバーのアドレスが通知され、自動的に設定が行
われる。

2　逆引き

　DNSへの通常の問い合わせは、ドメイン形式の名前[2]からIPアド
レスを求めるものであり、これを「（DNSの）正引き」と呼んでい
る。反対に、IPアドレスからホスト名を求める問い合わせを「逆引
き」と呼ぶ。逆引きと、それに使用されるPTRレコードについて説明
する。

　逆引きの仕組みも、正引きと何ら変わることはない。問い合わせる
「名前」にそれぞれのルールがあることと、その名前に対するPTRレ
コードを要求することが異なるだけである。

[2] ドメイン名のことも、ホスト名のこともある。DNSは、ドメイン名とホスト名を区別せず、名前に対応するリソースレコードを返すだけである。

IPv4アドレスの逆引きの場合は、IPv4アドレスの4つの10進数を逆順に並べた文字列の末尾に、「.in-addr.arpa」を付けた名前に対する問い合わせを行う。たとえば、IPv4アドレス192.168.0.222のホスト名を得るには、「222.0.168.192.in-addr.arpa」という名前に対するPTRレコードを検索することになる。

　IPv6アドレスの逆引きの場合は、IPv6アドレスを32桁の16進数で表記し、各桁を逆順でカンマで区切りながら並べた文字列の末尾に、「.ip6.arpa」を付けた名前に対する問い合わせを行う。たとえば、IPv6アドレス2001:db8:1234:5678::9abc:def7のホスト名を得るには、「7.f.e.d.c.b.a.9.0.0.0.0.0.0.0.8.7.6.5.4.3.2.1.8.b.d.0.1.0.0.2.ip6.arpa」という名前に対するPTRレコードを検索することになる。

　本来、すべてのホストに対する逆引きが、正引きと矛盾しないように正しく設定されていることが望ましいが、逆引きが設定されていないホストも少なくないのが実情である。

3　設定ファイル

　ブラウザなどのインターネットを利用するアプリケーションがDNSへの問い合わせを行おうとすると、Linuxシステムに標準的に組み込まれている「リゾルバ」（resolver）と呼ばれるライブラリが呼び出される。リゾルバは、まず、/etc/hostsファイルに定義されているホスト名を検索し、一致するものがあればそのIPアドレスを返す。一致するものがない場合には、/etc/resolv.confファイルからネームサーバーのアドレスを取り出して、そのアドレスに対して「問い合わせ」（query）を送信する。IPアドレスをDHCPなどで自動設定している場合には、/etc/resolv.confファイルが自動的に書き換えられることになる。

4　問い合わせコマンド

　DNSの検索を行ってDNSサーバーからの応答を表示するものが、hostコマンドである。第1引数に検索したいホスト名（またはドメイン名）を指定して実行すると、ホスト名に対するA、AAAA、MXレコードを検索して、見つかればそれを表示する。ホスト名の代わりにIPアドレス（IPv4でもIPv6でもよい）を指定すると、アドレスに対するPTRレコードを検索して、見つかれば一致するアドレスをもったホスト名を表示する。ホスト名とアドレスのどちらからでも相互に変換できるため、非常に使いやすいコマンドである。

　第2引数で問い合わせを行うDNSキャッシュサーバーの名前またはIPアドレスを指定することもできるため、本格的な調査にも十分

に使用可能である。**図3.2.13**にhostコマンドの実行例を、**図3.2.14**に
hostコマンドの主要なオプションを示す。

図3.2.13　hostコマンドの実行例

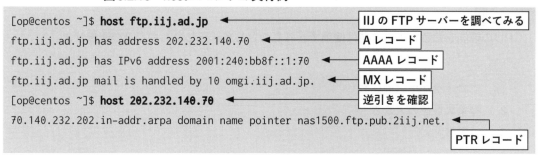

```
[op@centos ~]$ host ftp.iij.ad.jp              ← IIJのFTPサーバーを調べてみる
ftp.iij.ad.jp has address 202.232.140.70       ← Aレコード
ftp.iij.ad.jp has IPv6 address 2001:240:bb8f::1:70  ← AAAAレコード
ftp.iij.ad.jp mail is handled by 10 omgi.iij.ad.jp.  ← MXレコード
[op@centos ~]$ host 202.232.140.70             ← 逆引きを確認
70.140.232.202.in-addr.arpa domain name pointer nas1500.ftp.pub.2iij.net.
                                               ← PTRレコード
```

図3.2.14　hostコマンドの主要なオプション

オプション	役割
-t タイプ	・問い合わせるリソースレコードを指定する ・省略時にはA、AAAA、MXを問い合わせて見つかったものを表示する
-a	該当するホスト名に対する全レコードを表示する (-t any と同じ)

第**3**編

コンピュータ資源の利用

第3編　演習問題

問題1

CPUの性能を知るための指標に使用できるものとして、正しいものを3つ選択せよ。

選択肢

1. クロック速度（周波数）
2. 型番の数値の大きさ
3. コア数
4. 冷却ファンの能力
5. キャッシュサイズ

解　答 _____

問題2

メモリの使用状況を表示できるコマンドとして、正しいものを2つ選択せよ。

選択肢

1. ps
2. top
3. mem
4. free
5. total

解　答 _____

問題3

現在のプロセスの状態を見ることができるコマンドとして、正しいものを2つ選択せよ。

選択肢

1. ps
2. pstat
3. uptime
4. top
5. procls

解　答 _____

問題4

BIOSに代わる新しいファームウェア仕様であるUEFIについて、正しいものを2つ選択せよ。

選択肢

1. 容量が4TBまでのハードディスクを使用できる
2. 128個までのディスクパーティションを使用できる
3. x86_64アーキテクチャのみで使用できる
4. ブートに使用するシステムパーティションが存在する

解　答 _____

問題5

　一般ユーザーが使用するコマンドが置かれているディレクトリとして、正しいものを2つ選択せよ。

選択肢

1. /bin
2. /applications
3. /usr/bin
4. /usr/sbin
5. /programfiles

解　答 _____

問題6

　Linuxにおいて、ディレクトリ/usr/share/docに置かれているファイルとして、正しいものを選択せよ。

選択肢

1. manページおよびinfoファイル
2. Linuxカーネルに付属の文書類
3. インストールされているアプリケーションごとの文書ファイル
4. Microsoft Wordで書かれた文書ファイル（.docファイル）

解　答 _____

/procディレクトリにあるファイルについて、正しい記述を2つ選択せよ。

選択肢

1. 数値を名前とする子ディレクトリはプロセス番号であり、子ディレクトリの中に各プロセスに関する情報を収めたファイルが格納されている
2. CPUプロセッサに関する統計情報を保持するファイルが格納されている
3. カーネルに組み込まれたデバイスドライバとインターフェイスするためのファイルが格納されている
4. ファイルcmdlineを参照すると、カーネルに引き渡された引数を確認することができる

解 答 _____

問題8

IPv4におけるプライベートアドレスとして、正しいものを3つ選択せよ。

選択肢

1.	192.168.22.3	2.	192.10.1.254
3.	10.192.168.4	4.	10.172.254.12
5.	172.12.168.192	6.	172.8.192.168

解 答 _____

問題9

サーバーアプリケーションが使用しているポート番号を調べたい。使用できるコマンドとして、正しいものを2つ選択せよ。

選択肢

1. `ifconfig`　　2. `ipconfig`　　3. `ss`　　4. `netstat`　　5. `ports`

解 答 _____

問題10

DNSのリソースレコードのうち、ホストのIPアドレスを示すものとして、正しいものを2つ選択せよ。

選択肢

1. ADDR　　2. A　　3. CNAME　　4. MX　　5. AAAA

解 答 _____

第 **4** 編

Linuxの
セキュリティ機能

Linux Essentials
PART 4

1-1 ユーザーとグループの基本

> Linuxは、マルチユーザー・マルチタスクのOSであり、1台のマシンを複数のユーザーが同時に使用することができる。一人ひとりの作業が相互に干渉しないように、ユーザーごとに権限を制御することができる。

1 ユーザーとグループ

Linuxのシステム内部では、それぞれのユーザーを **UID**（User ID）という数値で区別している。また、ユーザーの権限を細かく調整するために、各ユーザーは、複数の「グループ」に所属することができる。Linuxシステム内部では、グループも **GID**（Group ID）という数値で区別している。Linuxでは、各ユーザーが少なくとも1つのグループに属する必要があり、必須のグループを「**プライマリグループ**」（primary group）と呼んでいる。

ユーザー名とパスワードを入力してシステムにログインすると、「**ログインシェル**」が起動し、シェルの所有者としてUIDとGID（複数ありうる）が記録される[1]。UID/GIDは、子プロセスに引き継がれていき、特別に権利を取得する操作を行わない限り、他のユーザーのUID/GIDで実行されるプロセスを起動することはできない。Linux/UNIXに共通するセキュリティモデルのうち、最も基本的な概念である。

[1] プロセステーブルの中に、プロセスを実行したUIDなどが記録される。

2 rootユーザー

Linux/UNIX システムでは、システム管理業務を行うために、すべての特権をもったユーザーとして、「root」というユーザーアカウントが定義されている。セキュリティの観点から、rootユーザーとしてシステムに直接ログインすることは望ましくない。通常は、一般ユーザーとしてログインしてから、root特権を取得する **sudo** コマンドを使用する[2]（sudoコマンドについては、1-2で後述する）。rootのUIDとGIDは、どちらも0である。システム上では万能であることから、「スーパーユーザー」と呼ばれることもある。

[2] ログインとsudoコマンドの実行はログに記録されるため、少なくとも、誰が操作したか追跡することができる。

3　ユーザーの定義

　現代は、ネットワーク上で複数のマシンを使うのが当然となり、ネットワーク上でアカウントとパスワードを一元管理するシステムを利用することが多くなっている。Linuxでは、ユーザーとユーザーのパスワードなどの管理方法を切り替える機能が標準装備されており、LDAP（エルダップ）[3] などのソリューションを利用している例も多い。しかし、基本となるのは、/etcディレクトリに置かれた設定ファイルでユーザーやグループを定義する方法である。

[3] Lightweight Directory Access Protocol の略。

　ユーザーアカウントは、**passwd**ファイルと**shadow**ファイルの2つで管理される。shadowファイルには、各ユーザーのパスワード情報が含まれるため、一般ユーザーは、セキュリティ上の理由から内容を見ることができない。passwdファイルの例（抜粋）とそこに含まれる項目を**図4.1.1**に、shadowファイルの例（抜粋）そこに含まれる項目を**図4.1.2**に示す。

図4.1.1　passwdファイルの例と項目

① passwd ファイルの例

```
op@term:~$ cat /etc/passwd
root:x:0:0:root:/root:/bin/bash
daemon:x:1:1:daemon:/usr/sbin:/usr/sbin/nologin
bin:x:2:2:bin:/bin:/usr/sbin/nologin
    途中省略
nobody:x:65534:65534:nobody:/nonexistent:/usr/sbin/nologin
systemd-network:x:100:102:systemd Network Management,,,:/run/systemd/netif:/usr/sbin/
nologin
systemd-resolve:x:101:103:systemd Resolver,,,:/run/systemd/resolve:/usr/sbin/nologin
op:x:1000:1000:System Operato:/home/op:/bin/bash
taro:x:1002:1002::/home/taro:/bin/bash
proj:x:1003:1003::/home/proj:/bin/bash
```

② passwd ファイルの項目

項番	名前	意味
1	ユーザー名	・ユーザーのアカウント名 ・英小文字と数字、下線「_」を使用できる ・旧来のシステムでは8文字以内、現在では32文字以内
2	パスワード	・現在はダミーで「x」または「*」がセットされている ・互換性のため残されている
3	UID	・ユーザーのUIDとなる整数 ・一般ユーザーには、慣例として1,000以上を使用する
4	GID	・ユーザーのプライマリGIDとなる整数 ・現在はUIDと同じ数値を割り当てることが多い
5	GECOS	・メモ欄 ・ユーザーの本名を（英字で）記載することが多い ・GECOSという名前は、UNIXの開発時に併用していた、メインフレーム用のOSの名前である
6	ホームディレクトリ	ユーザーのホームディレクトリを、フルパスで指定する
7	ログインシェル	ユーザーが使用するログインシェルを、フルパスで指定する

図4.1.2　shadow ファイルの例と項目

① shadow ファイルの例

```
op@term:~$ sudo cat /etc/shadow
root:*:18113:0:99999:7:::
daemon:*:18113:0:99999:7:::
bin:*:18113:0:99999:7:::
    途中省略
nobody:*:18113:0:99999:7:::
systemd-network:*:18113:0:99999:7:::
systemd-resolve:*:18113:0:99999:7:::
op:$6$CpBVh0W699zbAe3S$IdiegHFLumGJlscJmrgaUpyuXHQ3jp8pyjqpwALwrt4Mc41lÐn1.yrvxKpqyiil
hjFHatvOi9yucAWuenAe3h/:18160:0:99999:7:::
taro:$6$PmbHsYrÐ$zGBd/VwFSsS66osp5fq6IfzsJUWmÐVdIrT9oÐD0JM5hc1XHTP7kHWCRŽj6ugI1Tb9L8yv
KOJsRzsN6iTV38p00:18263:0:99999:7:::
proj:$6$9VJzJMr3$Žc.Mw.S2hWl0ijg0FxCpF2HRqGIÐpzXqkztOŽ4NÐcŽ/OfUTglhfa1Sc22SAL4VUGUj0nt
imKbbŽo/w0W2Wk0Ð.:18263:0:99999:7:::
```

② shadow ファイルの項目

項番	名前	意味
1	ユーザー名	・ユーザーのアカウント名 ・passwdファイルと同じものを使用する
2	グループパスワード	・システムに所定の方法で暗号化されたパスワード ・ほとんどの場合は、MD5などのハッシュ値が使われる ・現在は使用されておらず、gshadowファイルがあればそちらが使われる
3	変更日	・パスワードを変更した日付 ・日付は1970年1月1日からの日数 ・0は、次回ログインしたときにパスワードの変更が必要であることを示す
4	最短寿命	・パスワードの再変更ができない日数 ・0または空欄は制限なし
5	最長寿命	・変更後にパスワードを使い続けることができる日数 ・空欄は制限なし
6	警告日数	・パスワードが有効期限切れになる前の警告を表示する日数 ・0または空欄は警告なし
7	猶予日数	・パスワードの寿命が切れてからもログインできる日数 ・猶予期間中にログインすれば、新しいパスワードに切り替えることができる ・猶予期間を過ぎると、システム管理者に依頼するほかなくなる ・0または空欄は猶予期間なし
8	有効期限	・パスワードが無効化される日付 ・日付は1970年1月1日からの日数 ・パスワードの無効化とは異なり、猶予期間なくログインできなくなる
9	（予約）	現在は未使用

4　グループの定義

現在のLinuxでは、ユーザーは、最大で32のグループに所属することができるが、少し古いLinux[4]では、最大で16であった。また、NFS（Network File System）というファイル共有システムを使用していると、16を超えるグループが認識されないため、上限は16と考えておいたほうがよい。最大16であっても、計画的にグループ設計を行えば、不足を感じることはほとんどない。

ユーザーのプライマリグループは、passwdファイルのGIDフィールドで決められるが、その他のグループ（セカンダリグループまたはサブグループと呼ぶ）は、/etc/groupファイルで定義する。groupファイルの例とそこに含まれる項目を**図4.1.3**に示す。

[4] カーネル2.6.3以前。

第**4**編　Linuxのセキュリティ機能

図4.1.3　group ファイルの例と項目

① group ファイルの例

```
op@term:~$ cat /etc/group
root:x:0:
daemon:x:1:
bin:x:2:
    途中省略
nogroup:x:65534:
systemd-network:x:102:
systemd-resolve:x:103:
op:x:1000:
taro:x:1002:
proj:x:1003:op,taro,yoko
```

② group ファイルの項目

項番	名前	意味
1	グループ名	グループ名
2	グループパスワード	・グループパスワード ・現在も利用可能であるが、gshadow ファイルがあればそちらが優先される ・通常は空欄または空欄を意味する「x」
3	GID	グループ ID を示す数値
4	メンバーリスト	グループのメンバーとなるアカウントを、カンマで区切って記載する

　なお、グループを定義するファイルにもパスワードを記入する欄があり、rootしか読み出せないgshadowというファイルもある。現在でも、所属グループを一時的に追加するなどの目的で利用可能であるが、ほぼ使用することはない。

5　UIDとGIDの範囲

UIDとGIDに使える数値の範囲は、アーキテクチャによって異なる。ただし、古いバージョンとの互換性などの面から、使用できる範囲を60,000に制限したディストリビューションも多くある。このため、特に必要がない限りは、60,000以内の値を使用したほうがよい。

UIDは、1,000未満を「システムアカウント」と呼び、システム管理用途、あるいは、サービス管理用途に使用することが慣例となっている。システムアカウントは、コマンドファイルの所有者として使用されたり、ネットワークサービスを実行したりするアカウントとして利用される。したがって、一般ユーザーには、1,000以上の値を割り当てて使用する。同様にGIDも、1,000未満はシステムアカウント用に使用する。

6　ユーザープライベートグループ

最近、よく使われるようになったGIDの割り当て方法に、「ユーザープライベートグループ[5]」（User Private Group；UPG）と呼ばれるものがある。ユーザーごとに、ユーザー名と同じ名前のグループを作成してプライマリグループとして利用するものである。新規にファイルやディレクトリを作成したときには、所有グループとしてプライマリグループが指定されるため、UPGを使ったほうがセキュリティ管理が簡単になるといわれている。新しいディストリビューションでは、標準として使用されている。しかし、ポリシーは組織によって異なるため、システム管理者に問い合わせておくとよい。

5）英文では、USERGROUPS
と表記されることもある。

第**4**編

Linux のセキュリティ機能

1-2 ユーザーとグループの操作

本節では、ユーザーとグループの登録方法を解説する。一般的には、システム管理者の業務であるが、人事担当者が行うことも多い。

1 管理権限の取得

ユーザーやグループの追加を行うためには、一時的にシステム管理者、つまり、rootの権限を得る必要がある。rootの権限を得るために用意されているのが、su[1]（スゥ）コマンドとsudo（スドまたはスゥドゥ）コマンドである。

suコマンドは、指定したユーザーの権限でシェルを起動するコマンドである。誰でも実行できるが、権限を得ようとするユーザーのパスワードを問うプロンプトが表示され、正しいパスワードを入力しないと実行できない。ユーザー名を指定しなければ、root権限のシェルを起動する。あるユーザーのパスワード、特に、rootのパスワードを、複数人が知っていることは、セキュリティ上のリスクとなる。このため、現在は、suコマンドの使用は推奨されない。

代わりに使われるのが、sudoコマンドである。sudoコマンドを使うためには、あらかじめシステム管理者による許可[2]（設定）が必要であるが、「自分のパスワード」を再入力するだけで、特権が必要なコマンドを実行することができる。つまり、端末を操作しているユーザーが、許可を与えられた本人であることを確認したうえで、特権の利用を認める。また、システム管理者の設定によって、特権を得て実行できるコマンドを制限することもできる。特定の人に、ユーザー登録のみを許可するといった目的に最適である。

1) SUbstitute user（ユーザーの切り替え）の略。

2) 本書の範囲外のため、設定方法は省略する。設定が必要な場合は、/etc/sudoersファイルのマニュアルを参照するとよい。

2 グループの追加

ユーザーの作成に先立って、必要があればグループを作成しておく。あらかじめグループを作っておけば、ユーザー登録の際に一度に指定できる。なお、1-1で述べたUPGを使用している場合、あらかじめプライマリグループを作成しておく必要はない。

グループの新規作成には、**groupadd**コマンドを使用する。GIDの値を指定する-gオプションとともに、第1引数に作成したいグループ名を指定する。-gオプションを指定しなければ、1,000以上の値から、順に重複しないように割り当てられるが、組織のポリシーに従っ

て、適切な値を手作業で割り当てたほうがよい。特に、UPGを使用している場合は、プライマリグループ用のGID範囲（通常はUIDと同じ）と、セカンダリグループ用のGID範囲を明確に分けておいたほうがよい。

3 ユーザーの追加

ユーザーの追加には、**useradd**コマンドを使用する。ユーザー情報のすべてをオプションで指定する必要があるため、かなり長いコマンドラインとなる。必要なオプションをすべて指定して、最後に作成するユーザー名を指定する。一連の操作例を**図4.1.4**に、よく使用するオプションを**図4.1.5**に示す。

図4.1.4 グループとユーザーの追加例

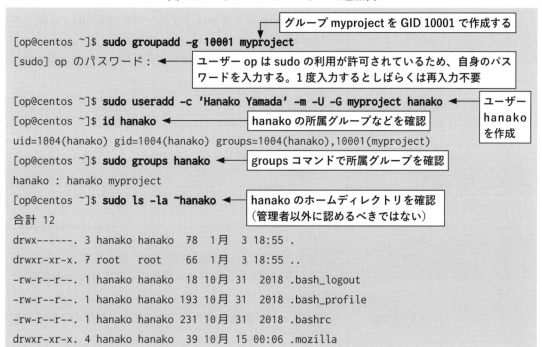

```
                                  グループ myproject を GID 10001 で作成する
[op@centos ~]$ sudo groupadd -g 10001 myproject
[sudo] op のパスワード:        ユーザー op は sudo の利用が許可されているため、自身のパス
                               ワードを入力する。1 度入力するとしばらくは再入力不要

[op@centos ~]$ sudo useradd -c 'Hanako Yamada' -m -U -G myproject hanako    ユーザー
[op@centos ~]$ id hanako        hanako の所属グループなどを確認            hanako
                                                                          を作成
uid=1004(hanako) gid=1004(hanako) groups=1004(hanako),10001(myproject)
[op@centos ~]$ sudo groups hanako      groups コマンドで所属グループを確認
hanako : hanako myproject
[op@centos ~]$ sudo ls -la ~hanako     hanako のホームディレクトリを確認
合計 12                                （管理者以外に認めるべきではない）
drwx------. 3 hanako hanako  78 1月   3 18:55 .
drwxr-xr-x. 7 root   root    66 1月   3 18:55 ..
-rw-r--r--. 1 hanako hanako  18 10月 31  2018 .bash_logout
-rw-r--r--. 1 hanako hanako 193 10月 31  2018 .bash_profile
-rw-r--r--. 1 hanako hanako 231 10月 31  2018 .bashrc
drwxr-xr-x. 4 hanako hanako  39 10月 15 00:06 .mozilla
```

ユーザーの追加後は、指定したユーザーのUIDとGIDをわかりやすく表示する「idコマンド」を実行して、意図したとおりになっていることを確認する。グループ情報だけを表示したいときには、「groupsコマンド」を使用する。

第**4**編 Linux のセキュリティ機能

207

図4.1.5　useradd コマンドのオプション

短いオプション	長いオプション	意味・役割
-c	--comment	・GECOS フィールドにセットする文字列を指定する ・本名や社員番号などを使うことが多い ・空白を含む場合は、適切にクオートする必要がある ・指定しない場合は空欄になる
-m	--create-home	システムに規定のディレクトリ（通常は /home）に、ユーザーのホームディレクトリとして、ログイン名と同じ名前のディレクトリを作成する
-u	--uid	・作成するアカウントのUIDを指定する ・指定しない場合は、1,000 から順に、重複しないように割り当てられる
-g	--gid	・ユーザーのプライマリグループIDを指定する ・既存のグループであれば、グループ名でもGIDでも受け付けられる ・指定しない場合でUPGが有効であれば、ユーザー名と同じグループが作成される ・指定しない場合でUPGが無効であれば、users（GIDは100）となる
-U	--user-group	・UPGのグループを作成する ・アカウント名と同じグループが作成され、プライマリグループとなる
-G	--groups	セカンダリグループの名前またはGIDを、カンマで区切って指定する
-s	--shell	・ログインシェルをフルパスで指定する ・シェルはシステムに登録されたものに限られる ・指定しない場合は、システム規定値（通常は /bin/bash）となる
-e	--expiredate	・アカウントが無効化される日付をYYYY-MM-DD形式で指定する ・shadow ファイルの「有効期間」に格納される
-f	--inactive	・パスワードの寿命が切れてからログインできる日数を指定する ・shadow ファイルの「猶予日数」に格納される
-d	--home-dir	・ユーザーのホームディレクトリをフルパスで指定する ・指定しない場合は、システムの規定値（通常は /home/ユーザー名）になる

　なお、グループを削除するgroupdelコマンドや、ユーザーを削除するuserdelコマンドも存在する。ただし、ユーザーやグループの削除は、システムの整合性を維持しながら行う必要があるため、システム管理者に依頼すべきである。

4　スケルトンディレクトリ

　図4.1.4で作成したユーザーhanakoのホームディレクトリを確認すると、いくつものファイルが存在する。いずれのファイルも、ファイル名がピリオドから始まるため、-aオプションを指定しない限りlsコマンドで表示されない「**隠しファイル（ディレクトリ）**」である。詳細は、本書の範囲外であるため省略するが、ログインシェルやブラウザ（Firefox）が使用する、ユーザーごとの設定ファイルである。

　これらの隠しファイルは、useraddコマンドで新規にユーザーのホームディレクトリを作成した際に、/etc/skelディレクトリからコピーされたものである。すべてのユーザーに配布したい設定ファイルや文書類があれば、/etc/skelディレクトリに保存しておけばよい。ユーザーを追加するたびに、自動的に各ユーザーのホームディレクトリにコピーされる。ただし、/etc/skelディレクトリへの書き込みは、rootしか行うことができない。

第**4**編

Linux のセキュリティ機能

1-3 ユーザーとシステムの活動状態

ユーザーやシステムの活動状態は、おもにシステム管理者が把握する内容である。一般ユーザーには、セキュリティに関わる内容は見られないが、一般ユーザーでも使用できるコマンドがいくつかある。

1　ユーザーのログイン状況

ユーザーの静的な情報は、idコマンドなどで参照できる。以下のように、ユーザーのログイン・ログアウトの状況を表示するコマンドがいくつかある。

①wコマンド

システムが起動してからの時刻（uptime）、ロードアベレージ、ログイン中のユーザーごとのログイン時刻と端末、CPU利用状況、実行中のコマンドを表示する。

②whoコマンド

ログイン中のユーザーのログイン時刻と端末などを一覧表示する。

③lastコマンド

直近にログインしたものから順に、ユーザーのログイン時刻とログアウト時刻、使用した端末などを表示する。

上記①～③のコマンドの実行例を図4.1.6に示す。

図4.1.6　コマンドの実行例

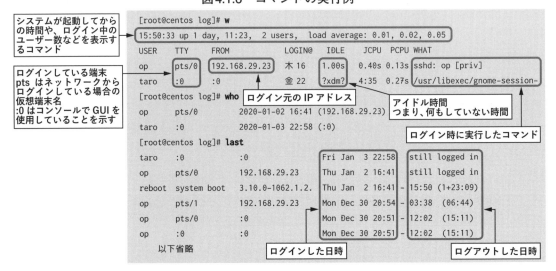

2　システムの活動状況を見る

　第3編1-6で述べたとおり、システムの稼働ログは、/var/logディレクトリに記録されていく。/var/logディレクトリの中にはたくさんの分野ごとに整理されたファイルがある。また、一般ユーザーが内容を確認することができるものも多い[1]。

　Linuxが記録するログは、大きく以下の4種類に分けられる。

①カーネルからのメッセージ

　Linuxカーネルは、カーネル内部の有限なサイズのメモリ領域（カーネルリングバッファと呼ぶ）に、さまざまなイベントを書き込んでいく。イベントの内容を表示するのが、**dmesg**コマンドである。特に、ブート時にデバイスの認識を行った結果は、ハードウェアの故障箇所を特定するときなどに有用な情報となる。メモリ領域が一杯になると、古いものから消されるため、③で後述するsyslog（シスログ）[2]が/var/logディレクトリのkern.logまたはdmesgという名前のファイルに保存することが多い。

②ユーザーのログインに関する情報

　ユーザーのログイン・ログアウト情報は、セキュリティの観点からすべて記録されている。/var/log/wtmpファイルにログインの履歴情報が、/var/run/utmpファイルにログイン中のユーザー情報が記録され、前項で紹介したwコマンドやwhoコマンドは、それらのファイルを参照して動作している。

③syslogを使用して記録する情報

　Linuxには、ログを一元管理するためのsyslog（シスログ）と呼ばれる仕組みが備わっている。syslogは、24種類の機能分類（ファシリティ）と8種類の重要度（プライオリティ）に基づいて、アプリケーションからのログメッセージを分類・保存するシステムサービスである。ログファイルの切り替えと破棄を自動化するlogrotate（ログローテート）と組み合わせて、メールなどのネットワークサービスを中心に広く使われている。

④独自にファイルを作成して記録する情報

　アプリケーションのなかには、パフォーマンスなどの理由から、syslogを使用せずに独自にログファイルを管理するものがある。たとえば、Webサーバーとして有名なApacheなどが該当する。

　ログファイルは、さまざまなイベントを記録していくものである。セキュリティ対策としても、ログの記録は最も基本的なことであるため、システムがどのようなログを残しているのか、確認しておくとよい。

[1] 整理の方法やファイル名はディストリビューションによって異なる。手元のマシンでどのようになっているかを確認しておくと、よい実習になるだろう。

[2] SYStem Loggerの略。改良版であるrsyslog（アールシスログ）が使われていることも多い。

2-1 ファイルへのアクセス権

Linuxは、マルチユーザーのシステムであり、セキュリティ機能が大変重要である。シンプルだが極めて効果的なパーミッション（アクセス権）の概念で、効果的にセキュリティを保つことができる。

1　パーミッションの概念

Linuxでは、各ファイルが「所有者」と「所有グループ」の情報をもっていることが、セキュリティ機能の基本となる。たとえば、ユーザーtaroのプライマリグループがgrpである場合、taroが作成したファイルやディレクトリの所有者はtaroに、所有グループはgrpになる。

これにより、あるファイルに対して、3種類のユーザー：①**所有者**、②**所有グループのメンバー**、③**それ以外のユーザー**が区別できることになる。そして、3つのユーザー種類それぞれに対して、Ⓐ読み出し、Ⓑ書き込み、Ⓒ実行という3種類の「許可スイッチ」を付けておくことで、操作の可否を判断できる。これが、Linuxのセキュリティモデルの基本である。

2　パーミッションの表記方法

ファイルのパーミッション情報は、lsコマンドに-lオプション[1]を付けたときに表示される。3種類のユーザーごとに3種類のスイッチであるため、スイッチの数は9個である。デジタルの世界では、「スイッチ」は1ビット、つまり、0か1の「2進数1桁」で表すことになる。9個のスイッチと、「ls -l」コマンドのパーミッションの対応を、**図4.2.1**に示す。

ビットがON[2]の部分を、3組のRead/Write/eXecuteの文字で分かりやすく示している。上段のmyname.txtは、所有者と所有グループのユーザーは読み書き可能、その他のユーザーは読み出しのみ可能（書き込み禁止）という意味になる。

ディレクトリでも、各ビットの意味はファイルと同じだが、動作に直感的でない部分があるため整理しておく。

①読み出し可能ビット（Read）

ディレクトリが読み出し可能であるということは、内容を読み出すことができる、つまり、lsコマンドで内容を一覧表示できることを意味する。

1) 第2編第3章参照。

2) ビットがONであることを「立っている」、OFFであることを「落ちている」と表現する。

②書き込み可能ビット（Write）

　ディレクトリが書き込み可能であるということは、ディレクトリにファイルやサブディレクトリを追加または削除したり、ファイルやサブディレクトリの名前を変更したりできることを意味する。

③実行可能ビット（eXcute）

　ディレクトリを実行可能であるということは、ディレクトリに含まれるサブディレクトリやファイルを「利用する」ことができることを意味する。

　たとえば、RがONでXがOFFというディレクトリの場合、一覧は表示できるが、中のファイルにアクセスできないということになる。

図4.2.1　パーミッションとの対応

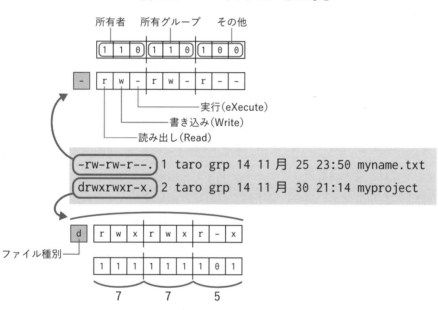

　なお、「ls -l」コマンドのパーミッションフィードに表示される左端の文字は、パーミッションの一部ではなく、ファイルの種類を示すものである。パーミッション欄の見方を学習したので、一緒に覚えておこう。

図4.2.2　lsコマンドで表示されるファイル種別

文字	ファイルの種類
-	通常ファイル
d	ディレクトリ
l	シンボリックリンク
c	キャラクタ型デバイスノード
b	ブロック型デバイスノード

第**4**編　Linux のセキュリティ機能

2-2 アクセス権の調整

本節では、パーミッションの設定方法を学習する。重要なファイルやディレクトリの作成後は、必ず「誰にアクセスさせるか」に注意して確認することが、セキュリティの基本である。

1 8進数によるパーミッションの変更

　パーミッションの変更には、chmodコマンド（CHange MODeの略）を使用する。chmodコマンドには、いくつかの書式があるが、一番単純なのは、数値による指定である。第1引数にパーミッションを指定するが、2-1の図4.2.1に示したとおり、9ビットを3ビットずつに区切り、各3ビットを1桁の8進数で表記する。第2引数以降には、パーミッションを変更したいファイルやディレクトリの名前を指定する。各ビットの位置を覚え、3ビットのパターンを数値に変換することで、目的とするパーミッションを確実に設定できる方法である。

2 シンボルによるパーミッションの変更

　chmodコマンドには、文字列を使ってパーミッションを指定する方法もある。直感的にわかりやすいため、文字列での指定方法を使うことが多いだろう。文字列での指定では、3つの部分を以下の順に並べた組み合わせでパーミッションの操作をする。

①操作位置を示す文字

　u（所有者）、g（所有グループ）、o（その他）、a（すべて）のなかから、どの位置のパーミッションを操作するかを指定する。複数の文字を指定できる。

②操作方法を示す文字

- ＋：ビットを立てる（対象ビット以外は変化しない）
- －：ビットを落とす（対象ビット以外は変化しない）
- ＝：ビット指定のとおりとする（対象ビット以外は落ちる）

③パーミッションビット

　r（Read）、w（Write）、x（eXecute）から、操作対象のビットを指定する。複数の文字を指定できる。

　たとえば、「**a+w**」はugoのすべてに対して書き込み許可を与える、「**go-wx**」は所有グループとその他から書き込みと実行可能のパーミッションを外すことになる。なお、「**a+w**」も「**go-wx**」も、その他のビットには影響しない。「**g=rx**」は所有グループに対してパーミッ

ションを「r-x」（数値では5）に設定するが、所有者やその他のパーミッションは変化しない。文章ではわかりにくいが、**図4.2.3**の実行例を見ながら実機で操作してみると、非常に直感的であることがわかる。

図4.2.3　chmod コマンドの実行例

```
[op@centos ~]$ ls -l sample.*          ◀── 現在のパーミッションを確認する
-rw-r--r--. 1 op op 2439  1月  5 15:53 sample.sh
-rw-rw-r--. 1 op op  202 11月 27 22:13 sample.txt
[op@centos ~]$ chmod a+x sample.sh     ◀── すべてのユーザーに実行権を与える
[op@centos ~]$ chmod go-rw sample.txt  ◀── 「グループ」と「その他」から読み書き権限を外す
[op@centos ~]$ ls -l sample.*          ◀── 結果を確認する
-rwxr-xr-x. 1 op op 2439  1月  5 15:53 sample.sh
-rw-------. 1 op op  202 11月 27 22:13 sample.txt
[op@centos ~]$ chmod 744 sample.sh     ◀── 数値による絶対値指定
[op@centos ~]$ ls -l sample.sh
-rwxr--r--. 1 op op 2439  1月  5 15:53 sample.sh
[op@centos ~]$ chmod go= sample.sh     ◀── シンボルによる絶対値指定
                                           無指定のため、すべてのビットが落ちる
[op@centos ~]$ ls -l sample.sh
-rwx------. 1 op op 2439  1月  5 15:53 sample.sh
```

　なお、必要があれば、複数のシンボル文字列をカンマで区切って並べることもできる。

第**4**編　Linux のセキュリティ機能

3　所有者の変更

　ファイルの所有者と所有グループは、パーミッションでは重要な意味をもつ。chownコマンド（CHange OWNerの略）は、所有者または所有者と所有グループの両方を変更するコマンドである。第1引数に設定したい所有者名またはUIDを指定し、第2引数以降に対象のファイル名を指定する。「所有者名：グループ名」という形式で、所有者名とグループ名の両方を一度に指定することもできる。なお、chownコマンドは、潜在的なセキュリティリスクとなるため、rootのみが実行できる。実行例を**図4.2.4**に示す。

図4.2.4　chownとchgrpの実行例

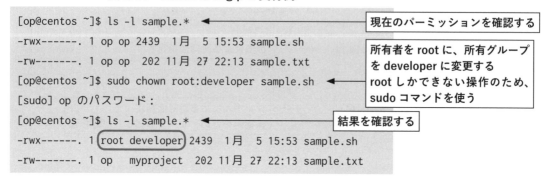

　chmodコマンドまたはchownコマンドに-Rオプションを指定すると、対象にディレクトリが含まれる場合は、対象ディレクトリだけではなく、そこに含まれるファイルや子ディレクトリのパーミッションまたは所有者・所有グループも変更される。

4　所有グループの変更

　所有グループのみを変更するためのchgrpというコマンド（CHange GRouPの略）もある。第1引数に所有者名ではなく、グループ名またはGIDを指定することが、chownコマンドとの違いである。-Rオプションもchownコマンドと同様に使用できる。実行例を**図4.2.5**に示す。

図4.2.5　chgrpの実行例

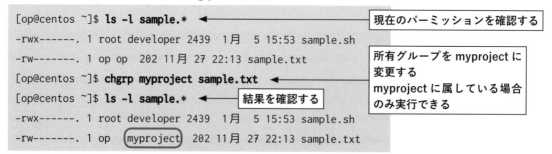

　なお、chgrpコマンドは、変更先のグループに自らが所属している
場合のみ、一般ユーザーも実行できる。

5　ACL

　本書の対象外であるが、最近のおもなディストリビューションで
は、ACL（Access Control List）という、特定の個人やグループに対
して独自のアクセス権を追加する機能が備わっている。実行例中の
「ls -l」コマンド出力時には、パーミッション欄の最後にピリオド「.」
が付くが、末尾のピリオドは、追加の「ACLが設定されていない」こ
とを示している。ACLが追加されている場合には、左端の文字が
「+」になる。ACLは、便利ではあるが、多用すると管理が複雑になる
ため、一般的にはあまり使用されていない。

2-3 特殊なパーミッション

通常のファイルやディレクトリに対するパーミッションは、9ビットで十分である。しかし、極めて特殊な、しかし、重要なツールやディレクトリのために、さらに3個の「スイッチ」が用意されている。

1　SetUID

ログイン時のパスワードを変更するために使用する「passwdコマンド」は、一般ユーザーも使用できる。一般ユーザーが、オプションや引数を指定せずにpasswdコマンドを実行すると、現在のパスワードが聞かれ、コマンドを実行したユーザーが本人であることを確認したうえで、新しいパスワードを入力する（**図4.2.6**）。

図4.2.6　passwdコマンドの実行例

```
[op@centos ~]$ passwd
ユーザー op のパスワードを変更。
op 用にパスワードを変更中
現在の UNIX パスワード:
新しいパスワード:
新しいパスワードを再入力してください:
passwd: すべての認証トークンが正しく更新できました。
[op@centos ~]$ ls -l /usr/bin/passwd
-rwsr-xr-x. 1 root root 27832 6 月 10 2014 /usr/bin/passwd
```
　　↑ SetUID がセットされている

パスワードは、rootのみが読み書きできる/etc/shadowファイルに格納されるが、一般ユーザーがパスワードを変更できるということである。これを実現しているのが、passwdコマンドの実行ファイルに付けられた、SetUID（セットユーアイディー）ビットである。

passwdコマンド（/usr/bin/passwd）の実行ファイルのパーミッションで、通常は「所有者の実行権」を示す位置にある「s」の文字が、SetUIDビットと呼ばれ、このファイルを実行するときには、「ファイル所有者のUID」で実行されることを意味している。ファイル/usr/bin/passwdの所有者はrootであるため、rootの権限で実行されることになる。したがって、一般ユーザーも/etc/shadowファイル変更することができるようになる。

なお、SetUIDビットは、ファイルに対してのみ設定できる。ま

た、セキュリティ上の理由から、一般ユーザーは、自分が所有する
ファイルに対してのみ、SetUIDビットをセットすることができる。

2 SetGID

SetUIDビットと同様のものに、SetGID（セットジーアイディー）
も用意されている。SetGIDがファイルにセットされた場合は、ファ
イル実行したときに、「所有グループの権限」で実行されることにな
る。以前は、Linuxマシンに接続されたデバイスを制御するプログラ
ムなどでよく見られたが、現在ではほとんど使われなくなっている。

SetGIDビットをディレクトリにセットした場合の挙動は、現在も
重要である。SetGIDをセットしたディレクトリのなかに、ファイル
やサブディレクトリを新規に作成すると、親ディレクトリから「所有
グループ」が継承される。たとえば、あるグループのユーザーでファ
イルを共有するディレクトリなどで使用する（**図4.2.7**）[1]。

1) 本項の例と1-1で紹介
したUPGを組み合わせて
使用すると、共有ディレク
トリのアクセス権管理が非
常に楽になる。ポイント
は、アクセス権管理にセカ
ンダリグループのみを使用
することである。

図4.2.7　SetGIDの設定例

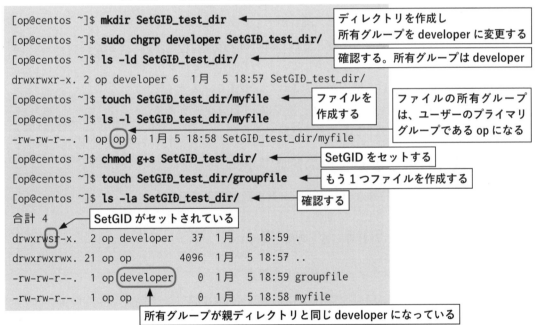

なお、**図4.2.7**で使用しているlsコマンドの-dオプションは、ディ
レクトリ自体の情報を表示するオプションである。-dオプションを指
定しないと、lsコマンドは「ディレクトリの中身」を表示する。

第**4**編　Linuxのセキュリティ機能

3 スティッキービット

最後の1つは、スティッキー[2]ビット、または、「制限付き削除」ビットと呼ばれるものである。スティッキービットは、/tmpや/var/tmpなどのディレクトリにセットされている（**図4.2.8**）。

2) Sticky。ねばねばする、困ったなどの意。以前のUNIXにあった機能から名付けられたが、現在の機能とは関係ない。

図4.2.8　スティッキービットの例

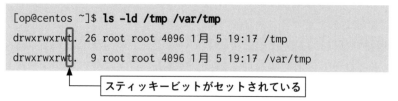

```
[op@centos ~]$ ls -ld /tmp /var/tmp
drwxrwxrwt. 26 root root 4096 1月  5 19:17 /tmp
drwxrwxrwt.  9 root root 4096 1月  5 19:17 /var/tmp
```

スティッキービットがセットされている

スティッキービットがセットされているディレクトリは、さまざまなアプリケーションが一時ファイルを置くために使用するディレクトリである。誰でも自由に使用することができるように、「その他」に対するWriteビットとeXecuteビットがセットされている。誰もがディレクトに書き込めるということは、誰もがディレクトにあるファイルを削除できるということでもある。それでは問題があるため、未使用であったスティッキービットを使用して、ファイルやディレクトリの削除に特別な制限を付ける機能が追加された。つまり、スティッキービットがセットされているディレクトリでは、「自分が所有者であるファイルまたはディレクトリ」のみを削除できる。

4 特殊なパーミッションの設定方法

本節で説明した3種類の特殊なパーミッションを数値表現で指定する場合は、**図4.2.9**に示すように、標準のパーミッション9ビットに、さらに、3ビットが追加されたと考えると理解しやすい。

図4.2.9　スティッキービットの設定

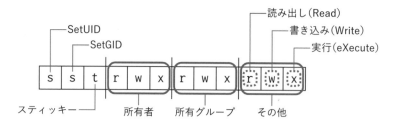

通常は3桁の8進数でパーミッションを表現するが、特殊なパーミッションを指定する場合は4桁で表現して、最上位の桁（512の位）でビットを表現する。つまり、8進数の4桁目（8の3乗＝512の位）

に、0〜7の数値を追加することになる。SetUIDされた実行可能ファ
イルであれば4755（rwsr-xr-x）、SetGIDされたディレクトリであれ
ば2770（rwxrws---）、Stickyビットが立ったディレクトリであれば
1777（rwxrwxrwt）などになる。

　シンボル表記でビットをセットする場合は、SetUIDが「u+s」、
SetGIDが「g+s」、スティッキービットが「o+t」となる。シンボル表
記で「=」を使った絶対値表現を行う場合は、実行ビットの「x」とと
もに指定することが必要である。SetUIDの場合は「u=rwxs」、SetGID
の場合は「g=rwxs」、Stickyビットの場合は「o=rwxt」などになる。

第4編

Linux のセキュリティ機能

第4編　演習問題

問題1

　Linuxにおいて、システムに対する全権を保持する管理者アカウントとして、正しいものを選択せよ。

選択肢

　　1.　admin　　2.　Administrator　　3.　sysop　　4.　root

解　答 _____

問題2

　ユーザー taro の所属グループを調べるために id コマンドを実行したところ、以下の結果が得られた。taroの所属しているグループであるdeveloperを定義しているファイルとして、正しいものを選択せよ。

```
uid=1002(taro) gid=1002(taro) groups=1002(taro),10002(developer)
```

選択肢

　　1.　/etc/passwd　　2.　/etc/group　　3.　/etc/shadow　　4.　/etc/members

解　答 _____

問題3

　自分のアカウントでログインしているときに、コマンドを1つシステム管理者（root）として実行する必要が発生した。使用できる方法として、正しいものを3つ選択せよ。

選択肢

　　1.　いったんログアウトして、rootとしてログインし直す
　　2.　su コマンドを実行する
　　3.　root コマンドを実行する
　　4.　sudo コマンドを実行する
　　5.　コマンドの末尾に as root を追加する

解　答 _____

問題4

　ユーザーアカウントを追加した際に、特定のアプリケーション用の環境変数を定義した.bash_loginファイルを、ホームディレクトリにコピーしたい。環境変数の定義を行うファイルとして、正しいものを選択せよ。

選択肢

1.　/etc/default/.bash_login　　2.　/etc/skel/.bash_login
3.　/etc/default/bash_login　　4.　/etc/skel/bash_login

解　答

問題5

　ユーザーがログインした履歴を表示できるコマンドとして、正しいものを選択せよ。

選択肢

1.　w　　2.　who　　3.　last　　4.　logins

解　答

問題6

　システムの稼働状況の記録を、syslogやアプリケーションが書き込んでいくファイルを置くディレクトリ名を、フルパスで記述せよ。

解　答

問題7

　シェルスクリプトを作成したため、ファイルmyscriptに実行権を与えたい。個人的なもののため、他の人に覗かれたり実行されたりしないようにしたい。次のコマンドの下線部に指定する文字列として、正しいものを選択せよ。

```
chmod _____ myscript
```

選択肢

1.　100　　2.　700　　3.　711　　4.　755　　5.　777

解　答

223

文書ファイル myproject.doc を作成した。グループで共有するために、ファイルの所有グループを「グループ project」に変更するコマンドとして、正しいものを2つ選択せよ。

選択肢

1. chown g:project myproject.doc
2. chown :project myproject.doc
3. chgrp g:project myproject.doc
4. chgrp project myproject.doc
5. group project myproject.doc

解 答 _____

ユーザープライベートグループによるグループ管理を行っているシステムにおいて、プロジェクトための共同作業グループ essentials を作成し、メンバーを追加した。さらに、グループ essentials のメンバーが誰でも読み書きできる情報共有用に、ディレクトリ /data/share/essentials を作成した。本ディレクトリに適切なパーミッションを設定したい。root として実行する以下のコマンドの下線部に指定する文字列として、正しいものを選択せよ。

```
chown root:essentials /data/share/essentials
chmod g=_____,o= /data/share/essentials
```

選択肢

1. x　　2. rx　　3. rwx　　4. rwxs

解 答 _____

次のディレクトリ表示のうち、パーミッション部分の末尾にある「t」の文字はの意味として、正しいものを選択せよ。

```
$ ls -ld /tmp
drwxrwxrwt. 18 root root 4096  1月 18 19:19 /tmp
```

選択肢

1. tricky ビットが立っている　　2. SetUID ビットが立っている
3. SetGID ビットが立っている　　4. Sticky ビットが立っている
5. trashy ビットが立っている

解 答 _____

バージョン2、1991年6月

日本語訳、2002年8月28日

Copyright (C) 1989, 1991 Free Software Foundation, Inc.

59 Temple Place - Suite 330, Boston, MA 02111-1307, USA

翻訳は八田真行<mhatta@gnu.org>が行った。原文はhttp://www.gnu.org/licenses/gpl.htmlである。誤訳の指摘や改善案を歓迎する。

はじめに

　ソフトウェア向けライセンスの大半は、あなたがそのソフトウェアを共有したり変更したりする自由を奪うように設計されています。対照的に、GNU 一般公衆利用許諾契約書は、あなたがフリーソフトウェアを共有したり変更したりする自由を保証する――すなわち、ソフトウェアがそのユーザすべてにとってフリーであることを保証することを目的としています。この一般公衆利用許諾契約書はフリーソフトウェア財団のソフトウェアのほとんどに適用されており、また GNU GPLを適用すると決めたフリーソフトウェア財団以外の作者によるプログラムにも適用されています（いくつかのフリーソフトウェア財団のソフトウェアには、GNU GPLではなくGNU ライブラリ一般公衆利用許諾契約書が適用されています）。あなたもまた、ご自分のプログラムにGNU GPLを適用することが可能です。

　私たちがフリーソフトウェアと言うとき、それは利用の自由について言及しているのであって、

価格は問題にしていません。私たちの一般公衆利用許諾契約書は、あなたがフリーソフトウェアの複製物を頒布する自由を保証するよう設計されています（希望に応じてその種のサービスに手数料を課す自由も保証されます）。また、あなたがソースコードを受け取るか、あるいは望めばそれを入手することが可能であるということ、あなたがソフトウェアを変更し、その一部を新たなフリーのプログラムで利用できるということ、そして、以上で述べたようなことができるということがあなたに知らされるということも保証されます。

　あなたの権利を守るため、私たちは誰かがあなたの有するこれらの権利を否定することや、これらの権利を放棄するよう要求することを禁止するという制限を加える必要があります。よって、あなたがソフトウェアの複製物を頒布したりそれを変更したりする場合には、そういった制限のためにあなたにある種の責任が発生することになります。

　例えば、あなたがフリーなプログラムの複製物を頒布する場合、有料か無料に関わらず、あなたは自分が有する権利を全て受領者に与えなければなりません。また、あなたは彼らもソースコードを受け取るか手に入れることができるよう保証しなければなりません。そして、あなたは彼らに対して以下で述べる条件を示し、彼らに自らの持つ権利について知らしめるようにしなければなりません。

　私たちはあなたの権利を二段階の手順を踏んで保護します。（1）まずソフトウェアに対して著作権を主張し、そして（2）あなたに対して、ソフトウェアの複製や頒布または改変についての法的な許可を与えるこの契約書を提示します。

　また、各作者や私たちを保護するため、私たちはこのフリーソフトウェアには何の保証も無いということを誰もが確実に理解するようにし、またソフトウェアが誰か他人によって改変され、それが次々と頒布されていったとしても、その受領者は彼らが手に入れたソフトウェアがオリジナルのバージョンでは無いこと、そして原作者の名声は他人によって持ち込まれた可能性のある問題によって影響されることがないということを周知させたいと思います。

　最後に、ソフトウェア特許がいかなるフリーのプログラムの存在にも不断の脅威を投げかけていますが、私たちは、フリーなプログラムの再頒布者が個々に特許ライセンスを取得することによって、事実上プログラムを独占的にしてしまうという危険を避けたいと思います。こういった事態を予防するため、私たちはいかなる特許も誰もが自由に利用できるようライセンスされるか、全くライセンスされないかのどちらかでなければならないことを明確にしました。

（訳注：本契約書で「独占的（proprietary）」とは、ソフトウェアの利用や再頒布、改変が禁止されているか、許可を得ることが必要とされているか、あるいは厳しい制限が課せられていて自由にそうすることが事実上できなくなっている状態のことを指す。詳しくはhttp://www.gnu.org/philosophy/categories.ja.html#ProprietarySoftwareを参照せよ。）

　複製や頒布、改変についての正確な条件と制約を以下で述べていきます。

複製、頒布、改変に関する条件と制約

0. この利用許諾契約書は、そのプログラム（またはその他の著作物）をこの一般公衆利用許諾契約書の定める条件の下で頒布できる、という告知が著作権者によって記載されたプログラムまたはその他の著作物全般に適用される。以下では、「『プログラム』」とはそのようにしてこの契約書が適用されたプログラムや著作物全般を意味し、また「『プログラム』を基にした著作物」とは『プログラム』やその他著作権法の下で派生物と見なされるもの全般を指す。すなわち、『プログラム』かその一部を、全く同一のままか、改変を加えたか、あるいは他の言語に翻訳された形で含む著作物のことである（「改変」という語の本来の意味からはずれるが、以下では翻訳も改変の一種と見なす）。それぞれの契約者は「あなた」と表現される。

複製や頒布、改変以外の活動はこの契約書ではカバーされない。それらはこの契約書の対象外である。『プログラム』を実行する行為自体に制限はない。また、そのような『プログラム』の出力結果は、その内容が『プログラム』を基にした著作物を構成する場合のみこの契約書によって保護される（『プログラム』を実行したことによって作成されたということとは無関係である）。このような線引きの妥当性は、『プログラム』が何をするのかに依存する。

1. それぞれの複製物において適切な著作権表示と保証の否認声明（disclaimer of warranty）を目立つよう適切に掲載し、またこの契約書および一切の保証の不在に触れた告知すべてをそのまま残し、そしてこの契約書の複製物を『プログラム』のいかなる受領者にも『プログラム』と共に頒布する限り、あなたは『プログラム』のソースコードの複製物を、あなたが受け取った通りの形で複製または頒布することができる。媒体は問わない。

あなたは、物理的に複製物を譲渡するという行為に関して手数料を課しても良いし、希望によっては手数料を取って交換における保護の保証を提供しても良い。

2. あなたは自分の『プログラム』の複製物かその一部を改変して『プログラム』を基にした著作物を形成し、そのような改変点や著作物を上記第1節の定める条件の下で複製または頒布することができる。ただし、そのためには以下の条件すべてを満たしていなければならない。

a) あなたがそれらのファイルを変更したということと変更した日時が良く分かるよう、改変されたファイルに告示しなければならない。

b)『プログラム』またはその一部を含む著作物、あるいは『プログラム』かその一部から派生した著作物を頒布あるいは発表する場合には、その全体をこの契約書の条件に従って第三者へ無償で利用許諾しなければならない。

c) 改変されたプログラムが、通常実行する際に対話的にコマンドを読むようになっているならば、そのプログラムを最も一般的な方法で対話的に実行する際、適切な著作権表示、無保証であること（あるいはあなたが保証を提供するということ）、ユーザがプログラムをこの契約書で述べた条件の下で頒布することができるということ、そしてこの契約書の複製物を閲覧するにはどうしたらよいかというユーザへの説明を含む告知が印刷されるか、あるいは画面に表示されるようにしなければならない（例外として、『プログラム』そのものは対話的であっても通常そのような告知を印刷しない場合には、『プログラム』を基にしたあなたの著作物にそのような告知を印刷させる必要はない）。

以上の必要条件は全体としての改変された著作物に適用される。著作物の一部 が『プログラム』から派生したものではないと確認でき、それら自身別の独立した著作物であると合理的に考えられるならば、あなたがそれらを別の著作物として分けて頒布する場合、そういった部分にはこの契約書とその条件は適用されない。しかし、あなたが同じ部分を『プログラム』を基にした著作物全体の一部として頒布するならば、全体としての頒布物は、この契約書が課す条件に従わなければならない。というのは、この契約書が他の契約者に与える許可は『プログラム』丸ごと全体に及び、誰が書いたかは関係なく各部分のすべて を保護するからである。

よって、すべてあなたによって書かれた著作物に対し、権利を主張したりあなたの権利に異議を申し立てることはこの節の意図するところではない。むしろ、その趣旨は『プログラム』を基にした派生物ないし集合著作物の頒布を管理する権利を行使するということにある。

また、『プログラム』を基にしていないその他の著作物を『プログラム』（あるいは『プログラム』を基にした著作物）と一緒に集めただけのものを一巻の保管装置ないし頒布媒体に収めても、その他の著作物までこの契約書が保護する対象になるということにはならない。

3. あなたは上記第1節および2節の条件に従い、『プログラム』（あるいは第2節における派生物）をオブジェクトコードないし実行形式で複製または頒布することができる。ただし、その場合あなたは以下のうちどれか一つを実施しなければならない。

a) 著作物に、『プログラム』に対応した完全かつ機械で読み取り可能なソースコードを添付する。ただし、ソースコードは上記第1節および2節の条件に従いソフトウェアの交換で習慣的に使われる媒体で頒布しなければならない。

b) 著作物に、いかなる第三者に対しても、『プログラム』に対応した完全かつ機械で読み取り可能なソースコードを、頒布に要する物理的コストを上回らない程度の手数料と引き換えに提供する旨述べた少なくとも3年間は有効な書面になった申し出を添える。ただし、ソースコードは上記第1節および2節の条件に従いソフトウェアの交換で習慣的に使われる媒体で頒布しなければならない。

c) 対応するソースコード頒布の申し出に際して、あなたが得た情報を一緒に引き渡す（この選択肢は、営利を目的としない頒布であって、かつあなたが上記小節bで指定されているような申し出と共にオブジェクトコードあるいは実行形式のプログラムしか入手していない場合に限り許可される）。

著作物のソースコードとは、それに対して改変を加える上で好ましいとされる著作物の形式を意味する。ある実行形式の著作物にとって完全なソースコードとは、それが含むモジュールすべてのソースコード全部に加え、関連するインターフェース定義ファイルのすべてとライブラリのコンパイルやインストールを制御するために使われるスクリプトをも加えたものを意味する。しかし特別な例外として、そのコンポーネント自体が実行形式に付随するのでは無い限り、頒布されるものの中に、実行形式が実行されるオペレーティングシステムの主要なコンポーネント（コンパイラやカーネル等）と通常一緒に（ソースかバイナリ形式のどちらかで）頒布されるものを含んでいる必要はないとする。

実行形式またはオブジェクトコードの頒布が、指定された場所からコピーするためのアクセス手

段を提供することで為されるとして、その上でソースコードも同等のアクセス手段によって同じ場所からコピーできるようになっているならば、第三者がオブジェクトコードと一緒にソースも強制的にコピーさせられるようになっていなくてもソースコード頒布の条件を満たしているものとする。

4. あなたは『プログラム』を、この契約書において明確に提示された行為を除き複製や改変、サブライセンス、あるいは頒布してはならない。他に『プログラム』を複製や改変、サブライセンス、あるいは頒布する企てはすべて無効であり、この契約書の下でのあなたの権利を自動的に終結させることになろう。しかし、複製物や権利をこの契約書に従ってあなたから得た人々に関しては、そのような人々がこの契約書に完全に従っている限り彼らのライセンスまで終結することはない。

5. あなたはこの契約書を受諾する必要は無い。というのは、あなたはこれに署名していないからである。しかし、この契約書以外にあなたに対して『プログラム』やその派生物を改変または頒布する許可を与えるものは存在しない。これらの行為は、あなたがこの契約書を受け入れない限り法によって禁じられている。そこで、『プログラム』（あるいは『プログラム』を基にした著作物全般）を改変ないし頒布することにより、あなたは自分がそのような行為を行うためにこの契約書を受諾したということ、そして『プログラム』とそれに基づく著作物の複製や頒布、改変についてこの契約書が課す制約と条件をすべて受け入れたということを示したものと見なす。

6. あなたが『プログラム』（または『プログラム』を基にした著作物全般）を再頒布するたびに、その受領者は元々のライセンス許可者から、この契約書で指定された条件と制約の下で『プログラム』を複製や頒布、あるいは改変する許可を自動的に得るものとする。あなたは、受領者がここで認められた権利を行使することに関してこれ以上他のいかなる制限も課してはならない。あなたには、第三者がこの契約書に従うことを強制する責任はない。

7. 特許侵害あるいはその他の理由（特許関係に限らない）から、裁判所の判決あるいは申し立ての結果としてあなたに（裁判所命令や契約などにより）このライセンスの条件と矛盾する制約が課された場合でも、あなたがこの契約書の条件を免除されるわけではない。もしこの契約書の下であなたに課せられた責任と他の関連する責任を同時に満たすような形で頒布できないならば、結果としてあなたは『プログラム』を頒布することが全くできないということである。例えば特許ライセンスが、あなたから直接間接を問わずコピーを受け取った人が誰でも『プログラム』を使用料無料で再頒布することを認めていない場合、あなたがその制約とこの契約書を両方とも満たすには『プログラム』の頒布を完全に中止するしかないだろう。

この節の一部分が特定の状況の下で無効ないし実施不可能な場合でも、節の残りの部分は適用されるよう意図されている。その他の状況では節が全体として適用されるよう意図されている。

特許やその他の財産権を侵害したり、そのような権利の主張の効力に異議を唱えたりするようあなたを誘惑することがこの節の目的ではない。この節には、人々によってライセンス慣行として実現されてきた、フリーソフトウェア頒布のシステムの完全性を護るという目的しかない。多くの人々が、フリーソフトウェアの頒布システムが首尾一貫して適用されているという信頼に基づき、このシステムを通じて頒布される多様なソフトウェアに寛大な貢献をしてきたのは事実であるが、

人がどのようなシステムを通じてソフトウェアを頒布したいと思うかはあくまでも作者/寄与者次第であり、あなたが選択を押しつけることはできない。

この節は、この契約書のこの節以外の部分の一帰結になると考えられるケースを徹底的に明らかにすることを目的としている。

8.『プログラム』の頒布や利用が、ある国においては特許または著作権が主張されたインターフェースのいずれかによって制限されている場合、『プログラム』にこの契約書を適用した元の著作権者は、そういった国々を排除した明確な地理的頒布制限を加え、そこで排除されていない国の中やそれらの国々の間 でのみ頒布が許可されるようにしても構わない。その場合、そのような制限は この契約書本文で書かれているのと同様に見なされる。

9. フリーソフトウェア財団は、時によって改訂または新版の一般公衆利用許諾書を発表することができる。そのような新版は現在のバージョンとその精神においては似たものになるだろうが、新たな問題や懸念を解決するため細部では異なる可能性がある。

それぞれのバージョンには、見分けが付くようにバージョン番号が振られてい る。『プログラム』においてそれに適用されるこの契約書のバージョン番号が指定されていて、更に「それ以降のいかなるバージョン（any later version）」も適用して良いとなっていた場合、あなたは従う条件と制約として、指定のバージョンか、フリーソフトウェア財団によって発行された指定のバージョン以降の版のどれか一つのどちらかを選ぶことが出来る。『プログラム』でライセンスのバージョン番号が指定されていないならば、あなたは今までにフリーソフトウェア財団から発行されたバージョンの中から好きに選んで構わない。

10. もしあなたが『プログラム』の一部を、その頒布条件がこの契約書と異なる他のフリーなプログラムと統合したいならば、作者に連絡して許可を求めよ。フリーソフトウェア財団が著作権を保有するソフトウェアについては、フリーソフトウェア財団に連絡せよ。私たちは、このような場合のために特別な例外を設けることもある。私たちが決定を下すにあたっては、私たちのフリーソフトウェアの派生物すべてがフリーな状態に保たれるということと、一般的にソフトウェアの共有と再利用を促進するという二つの目標を規準に検討されるであろう。

無保証について

11.『プログラム』は代価無しに利用が許可されるので、適切な法が認める限りにおいて、『プログラム』に関するいかなる保証も存在しない。書面で別に述べる場合を除いて、著作権者、またはその他の団体は、『プログラム』を、表明されたか言外にかは問わず、商業的適性を保証するほのめかしやある特定の目的への適合性（に限られない）を含む一切の保証無しに「あるがまま」で提供する。『プログラム』の質と性能に関するリスクのすべてはあなたに帰属する。『プログラム』に欠陥があると判明した場合、あなたは必要な保守点検や補修、修正に要するコストのすべてを引き受けることになる。

12. 適切な法か書面での同意によって命ぜられない限り、著作権者、または上記で許可されている

通りに『プログラム』を改変または再頒布したその他の団体は、あなたに対して『プログラム』の利用ないし利用不能で生じた通常損害や特別損害、偶発損害、間接損害（データの消失や不正確な処理、あなたか第三者が被った損失、あるいは『プログラム』が他のソフトウェアと一緒に動作しないという不具合などを含むがそれらに限らない）に一切の責任を負わない。そのような損害が生ずる可能性について彼らが忠告されていたとしても同様である。

条件と制約終わり

以上の条項をあなたの新しいプログラムに適用する方法

　あなたが新しいプログラムを開発したとして、公衆によってそれが利用される可能性を最大にしたいなら、そのプログラムをこの契約書の条項に従って誰でも再頒布あるいは変更できるようフリーソフトウェアにするのが最善です。

　そのためには、プログラムに以下のような表示を添付してください。その場合、保証が排除されているということを最も効果的に伝えるために、それぞれのソースファイルの冒頭に表示を添付すれば最も安全です。少なくとも、「著作権表示」という行と全文がある場所へのポインタだけは各ファイルに含めて置いてください。

one line to give the program's name and an idea of what it does.

Copyright (C) *yyyy   name of author*

This program is free software; you can redistribute it and/or modify it under the terms of the GNU General Public License as published by the Free Software Foundation; either version 2 of the License, or (at your option) any later version.

This program is distributed in the hope that it will be useful,but WITHOUT ANY WARRANTY; without even the implied warranty of MERCHANTABILITY or FITNESS FOR A PARTICULAR PURPOSE. See the GNU General Public License for more details.

You should have received a copy of the GNU General Public License along with this program; if not, write to the Free Software Foundation, Inc., 59 Temple Place - Suite 330, Boston, MA 02111-1307, USA.

（訳：
プログラムの名前と、それが何をするかについての簡単な説明。

Copyright（C）西暦年　作者の名前

このプログラムはフリーソフトウェアです。あなたはこれを、フリーソフトウェア財団によって発行された GNU 一般公衆利用許諾契約書（バージョン2か、希望によってはそれ以降のバージョンのうちどれか）の定める条件の下で再頒布または改変することができます。

このプログラムは有用であることを願って頒布されますが、*全くの無保証* です。商業可能性の保証や特定の目的への適合性は、言外に示されたものも含め全く存在しません。詳しくは GNU 一般公衆利用許諾契約書をご覧ください。

あなたはこのプログラムと共に、GNU 一般公衆利用許諾契約書の複製物を一部受け取ったはずです。もし受け取っていなければ、フリーソフトウェア財団まで請求してください（宛先はthe Free Software Foundation, Inc., 59 Temple Place, Suite 330, Boston, MA 02111-1307 USA）。）

電子ないし紙のメールであなたに問い合わせる方法についての情報も書き加えましょう。

プログラムが対話的なものならば、対話モードで起動した際に出力として以下のような短い告知が表示されるようにしてください:

```
Gnomovision version 69, Copyright (C)  year name of author
Gnomovision comes with ABSOLUTELY NO WARRANTY; for details type `show w'.  This is free
software, and you are welcome to redistribute it under certain conditions; type `show c'
for details.
```

（訳：

Gnomovision バージョン 69, Copyright (C) 西暦年 作者の名前

Gnomovision は*全くの無保証*で提供されます。詳しくは「show w」とタイプして下さい。これはフリーソフトウェアであり、ある条件の下で再頒布することが奨励されています。詳しくは「show c」とタイプして下さい。）

ここで、仮想的なコマンド「show w」と「show c」は一般公衆利用許諾契約書の適切な部分を表示するようになっていなければなりません。もちろん、あなたが使うコマンドを「show w」や「show c」と呼ぶ必然性はありませんので、あなたのプログラムに合わせてマウスのクリックやメニューのアイテムにしても結構です。

また、あなたは、必要ならば（プログラマーとして働いていたら）あなたの雇用主、あるいは場合によっては学校から、そのプログラムに関する「著作権放棄声明（copyright disclaimer）」に署名してもらうべきです。以下は例ですので、名前を変えてください:

```
Yoyodyne, Inc., hereby disclaims all copyright interest in the program `Gnomovision'
(which makes passes at compilers) written by James Hacker.
signature of Ty Coon, 1 April 1989
Ty Coon, President of Vice
```

（訳：

Yoyodyne社はここに、James Hackerによって書かれたプログラム「Gnomovision」（コンパイラへ通すプログラム）に関する一切の著作権の利益を放棄します。

Ty Coon 氏の署名、1989年4月1日

Ty Coon、副社長）

この一般公衆利用許諾契約書では、あなたのプログラムを独占的なプログラムに統合することを認めていません。あなたのプログラムがサブルーチンライブラリならば、独占的なアプリケーションとあなたのライブラリをリンクすることを許可したほうがより便利であると考えるかもしれません。もしこれがあなたの望むことならば、この契約書の代わりにGNUライブラリ一般公衆利用許諾契約書を適用してください。

八田 真行訳、2004年2月21日
バージョン 1.9
変更履歴はここにあります。

はじめに

「オープンソース」とは、単にソースコードが入手できるということだけを意味するのではありません。「オープンソース」であるプログラムの頒布条件は、以下の基準を満たしていなければなりません。

1. 再頒布の自由

「オープンソース」であるライセンス（以下「ライセンス」と略）は、出自の様々なプログラムを集めたソフトウェア頒布物（ディストリビューション）の一部として、ソフトウェアを販売あるいは無料で頒布することを制限してはなりません。ライセンスは、このような販売に関して印税その他の報酬を要求してはなりません。

2. ソースコード

「オープンソース」であるプログラムはソースコードを含んでいなければならず、コンパイル済形式と同様にソースコードでの頒布も許可されていなければなりません。何らかの事情でソースコードと共に頒布しない場合には、ソースコードを複製に要するコストとして妥当な額程度の費用で入手できる方法を用意し、それをはっきりと公表しなければなりません。方法として好ましいのはインターネットを通じての無料ダウンロードです。ソースコードは、プログラマがプログラムを変更しやすい形態でなければなりません。意図的にソースコードを分かりにくくすることは許されませんし、プリプロセッサや変換プログラムの出力のような中間形式は認められません。

3. 派生ソフトウェア

ライセンスは、ソフトウェアの変更と派生ソフトウェアの作成、並びに派生ソフトウェアを元のソフトウェアと同じライセンスの下で頒布することを許可しなければなりません。

4. 作者のソースコードの完全性（integrity）

バイナリ構築の際にプログラムを変更するため、ソースコードと一緒に「パッチファイル」を頒布することを認める場合に限り、ライセンスによって変更されたソースコードの頒布を制限することができます。ライセンスは、変更されたソースコードから構築されたソフトウェアの頒布を明確に許可していなければなりませんが、派生ソフトウェアに元のソフトウェアとは異なる名前やバージョン番号をつけるよう義務付けるのは構いません。

5. 個人やグループに対する差別の禁止

ライセンスは特定の個人やグループを差別してはなりません。

6. 利用する分野（fields of endeavor）に対する差別の禁止

ライセンスはある特定の分野でプログラムを使うことを制限してはなりません。例えば、プログラムの企業での使用や、遺伝子研究の分野での使用を制限してはなりません。

7. ライセンスの分配（distribution）

プログラムに付随する権利はそのプログラムが再頒布された者全てに等しく認められなければならず、彼らが何らかの追加的ライセンスに同意することを必要としてはなりません。

8. 特定製品でのみ有効なライセンスの禁止

プログラムに付与された権利は、それがある特定のソフトウェア頒布物の一部であるということに依存するものであってはなりません。プログラムをその頒布物から取り出したとしても、そのプログラム自身のライセンスの範囲内で使用あるいは頒布される限り、プログラムが再頒布される全ての人々が、元のソフトウェア頒布物において与えられていた権利と同等の権利を有することを保証しなければなりません。

9. 他のソフトウェアを制限するライセンスの禁止

ライセンスはそのソフトウェアと共に頒布される他のソフトウェアに制限を設けてはなりません。例えば、ライセンスは同じ媒体で頒布される他のプログラムが全てオープンソースソフトウェアであることを要求しては なりません。

10. ライセンスは技術中立的でなければならない

ライセンス中に、特定の技術やインターフェースの様式に強く依存するような規定があってはなりません。

INDEX
索 引

●著者紹介●

長原 宏治（ながはら ひろはる）

有限会社エヌ・エス・プランニング取締役社長。高校生の頃にプログラミングを覚え、SystemV R2 と SunOS の頃から UNIX に親しむ。独立の際の資金はすべて Sun Workstation の購入に消えてしまった。著書に『公式 SUSE LINUX 管理ガイド』（アスキー）、技術監訳書に『Linux デバイスドライバ 第 2 版』（オライリー・ジャパン）など。主に使うディストリビューションは Debian。

LPI公式認定　Linux Essentials 合格テキスト&問題集

2020年4月10日　　初版第1刷発行
2023年8月10日　　　　第2刷発行

著　者——長原 宏治
　　　　　©2020 Hiroharu Nagahara
発行者——張 士洛
発行所——日本能率協会マネジメントセンター
〒103-6009　東京都中央区日本橋2-7-1　東京日本橋タワー
TEL 03（6362）4339（編集）／03（6362）4558（販売）
FAX 03（3272）8127（編集・販売）
https://www.jmam.co.jp/

装　　丁——後藤 紀彦（sevengram）
本文DTP——株式会社森の印刷屋
印刷所———シナノ書籍印刷株式会社
製本所———ナショナル製本協同組合

ISBN 978-4-8207-2783-5 C3055
落丁・乱丁はおとりかえします。
PRINTED IN JAPAN

LPI公式認定
Web Development Essentials
合格テキスト&問題集

Web Development Essentialsは、Web 技術を使用したソフトウェア開発の入門プログラムであり、学習後の受験により、合格認定がされます。本プログラムは、これからソフトウェア開発を始める学習者を対象とし、Webベースのアプリケーションを開発するために必要な基本的な概念、HTML、CSS、JavaScript、Node.js、SQLなどの基礎的なレベルで構成されています。本書は、実施団体LPI公式認定の試験対策教材です。各章末の演習問題と最終章の模擬問題で、学習の総仕上げができます。

川井義治・岡田賢治 著
B5判・248頁（別冊20頁）

全国中学高校Webコンテスト認定教科書
超初心者のための
Web作成特別講座

「全国中学高校Webコンテスト」は、制作物が誰かの役に立つ「教材」として構成・表現された内容であることが求められ、「伝える立場に立ち、何をどう表現するか、仲間とともに徹底的に考える」探究・協調学習として生徒たちに深い学びをもたらす点に大きな特徴があります。本書は、本コンテストで要求されるレベルのWeb教材制作のための手引書であり、初めてWeb制作に取り組む人や、チームでのWeb制作プロジェクトに取り組む人に最適な入門書です。

永野和男 編著
学校インターネット教育推進協会 著
B5判・120頁

改訂2版
J検情報システム完全対策
公式テキスト

J検は文部科学省後援「情報検定」の略称であり、情報リテラシー教育の中核を担い、国家試験である基本情報技術者受験のためのファーストステップになるものです。本書で扱う「情報システム」は、情報を「創る」技能について、それを担うプログラマやエンジニア等に代表される「息の長い技術者」を養成するものです。見開き読みきりの講義のあと、各章に確認問題・過去問題を配するステップアップ方式で、本書1冊で完全な試験対策となります。

一般財団法人 職業教育・キャリア教育財団 監修
B5判・376頁（別冊44頁）

改訂版
専門学校生のための
就職内定基本テキスト

専門学校生の就職活動に精通した著者がまとめる就職活動テキストの改訂版です。昨今の就職活動の状況変化に対応しました。仕事とキャリアの考え方から自己分析、企業研究、筆記対策・面接対策まで、専門学校生が就職活動に際して知っておくべき知識とノウハウをまとめた1冊です。ワークシートや別冊の「就職活動ノート」を使って、自分で考え、就職活動を進めていけるような工夫が満載です。

専門学校生就職応援プロジェクト 著
A5判・168頁（別冊48頁）

日本能率協会マネジメントセンター

Linux Essentials
合格テキスト&問題集

演習問題の解答・解説

問題1　正解：2・5

解　説

　Linuxは、Linus Benedict Torvalds（リーナス・トーバルズ）がMINIX（ミニックス）に触発されて、自分で使用するために作成したのが始まりである。

　当時は、ミニコンピュータやワークステーションで、UNIXが主に学術目的で盛んに使われており、MINIXもLinuxも、UNIX用のアプリケーションが動作するように作成されている。なお、当時のWindowsはバージョン3.1、MachintoshはSystem 6である。現在のWindowsもUNIXの影響を強く受けており、macOSは別バージョンのUNIXである。

参照：第1章第1節

問題2　正解：1・3・5

解　説

1. よく使われる理由の一つである。
2. クラウド上のLinuxで、デスクトップを利用することはかなりまれである。
3. よく使われる理由の一つである。
4. 有償サポート付きのインスタンスも使用できるが、それがクラウドでLinuxを選択する理由とはいえない。
5. よく使われる理由の一つである。

参照：第1章第1節

問題3　正解：2・4

解　説

1. プライベートウインドウを有効にすると、クッキーや閲覧履歴を公共のPCに残さずにすむため適切なアクションである。
2. ごく簡単な暗号化であっても、ウィルススキャナが監査できなくなるため、極めて危険である。セキュリティに敏感な組織では、暗号化されたファイルの受信自体を禁止しているところも多い。
3. 安全なパスワードをいくつも覚えることは難しいため、適切なツールを使用することが必須である。
4. セキュリティ的に永遠に完璧なソフトウェアは存在しない。発見された脆弱性や新しい攻撃方法に対応するために、最新版のソフトウェアを使用する必要がある。

参照：第1章第4節

問題4　正解：3

解　説

　フリーソフトウェアの「4つの自由」は、しっかりと覚えておく必要がある。「改造したプログラムを同じライセンスで配布する必要がある」は、コピーレフトの重要な考え方であるが、すべてのオープンソースソフトウェアがコピーレフトでライセンスされるわけではない。パーミッシブライセンスで

は、元のライセンスとは異なるライセンス要件を決めることもできる。

参照：第2章第1節・第2節・第3節

問題5　正解：3・4

解　説

1. GPLv3ライセンスのソフトウェアから作成した派生物は、同じく GPLv3 ライセンスで公開しなくてはならない。
2. 別のモジュールとしても、既存のプログラムから呼び出される以上、変更したインターフェイス部分を含めて公開することがオープンソースの理念に沿う。
3. 配布を無料で行う必要はないため、有償販売も可能である。
4. オープンソースとすることで広く開発者を募ることは、まったく問題ない。開発者を募るためにオープンソース化することも広く行われている。

参照：第2章第2節・第3節

問題6　正解：1・3

解　説

　MITライセンスは、非常に制限の少ないライセンスである。アプリケーションのソースコードを公開する必要はなく、アプリケーションを有償で販売することもできる。利用者の便宜を最大限に図るとともに、作者は一切の責任を負わないことを明示して、作者を守ることを目的としている。

参照：第2章第4節

問題7　正解：3

解　説

　クリエイティブコモンズのライセンスは、表示（BY）、非営利（NC）、改変禁止（ND）、継承（SA）の組み合わせである。設問では、改良を希望しているためNDは付かず、同様に公開してほしいためSAが付く。BYはすべてに付くため、CC BY-SAが正解となる。

参照：第2章第4節

問題8　正解：以下のいずれかとなる。

- apt
- apt-get
- aptitude

解　説

　伝統的なコマンドは apt-get であるが、今後は、統合的な新しいコマンドである apt の利用が主流になる。なお、aptitudeは、画面指向のパッケージ管理ツールであるが、サポートの打ち切りが告知されているため、本文では触れていない（ただし、aptitudeを使用できるディストリビューションは、まだ多くある）。

参照：第3章第1節

問題9 正解：2・3・5

解説

Linux Mint は Ubuntu を、Ubuntu は Debian を、それぞれベースとしている。パッケージ形式は、いずれも deb である。Red Hat Enterprise Linux（RHEL）および openSUSE は、RPM パッケージを利用している。なお、openSUSE では、zypper というツールを使用する。

参照：第3章第1節・第2節

問題10 正解：1・3・5

解説

1. 単体の RPM パッケージを操作するコマンドである。
2. deb パッケージを操作する高水準のコマンドである。
3. 依存関係とともに RPM パッケージをインストールや削除をするコマンドである。
4. 単体の deb パッケージを操作するコマンドである。
5. SUSE 系のディストリビューションで RPM パッケージをインストールや削除するコマンドである。

参照：第3章第1節・第2節

問題11 正解：2・5

解説

Linux で使用できるデスクトップの代表は、KDE と GNOME である。Cocoa、OpenWindow、GDI は、いずれもデスクトップ関連の用語であるが、Linux とは関係ない。

参照：第4章第1節

問題12 正解：1・4・5

解説

IIS は Windows Server の Web サーバー（Internet Information Server）である。また、Exchange は Windows Server 用のメールおよびメッセージングサーバーである。いずれも Linux では動作しない。なお、Linux では Apache HTTP server が長く使われてきたが、高速化が求められるようになったため、Nginx や lighttpd が開発された。

参照：第4章第2節

第2編　演習問題

問題1　正解：3

解　説

シェルのヒストリ検索機能を使用する。直近のものであれば、コマンドが出てくるまでCtrl-Pを入力し続けてもよいが、さかのぼる場合には、<u>Ctrl-Rを入力して実行したいコマンドを検索する</u>のが一番効率的である。

キー操作	動作
Ctrl-P / 上矢印	前の行に戻る
Ctrl-N / 下矢印	次の行に進む
Ctrl-B / 左矢印	前の文字に移動
Ctrl-F / 右矢印	次の文字に移動
BackSpace	カーソル左の文字を削除
DEL	カーソル位置の文字を削除
Ctrl-R	ヒストリーから文字列を検索する

参照：第1章第2節

問題2　正解：3

解　説

変数の参照の仕方と、セットの仕方を確実に覚えておくこと。チルダ「~」は、ユーザーの「ホームディレクトリ」を意味するため、<u>既存のPATH変数の末尾に「~bin」を追加する</u>のが正しい。

参照：第1章第3節、第7章第2節

問題3　正解：4

解　説

1. %名前%による参照は<u>Windows</u>の場合である。
2. <u>setコマンド、envコマンドのどちらも、変数のセットには使用できない。</u>
3. unexportというコマンドは<u>存在しない</u>。変数や環境変数を削除するには、<u>「変数名＝」</u>で内容をクリアする。
5. シェル変数と環境変数の違いを押さえておこう。

参照：第1章第3節、第7章第2節

問題4　正解：次のいずれかとなる。

　　　　　-k
　　　　　--apropos

解　説

manコマンドのキーワード検索オプションは、多用するため覚えておくこと。

参照：第2章第1節

問題5 正解：3

解 説

　cpコマンドでディレクトリをコピーする場合には、-rオプションが必要となる。

参照：第3章第5節

問題6 正解：2

解 説

1. コピー元とコピー先の指定が逆である。
3. 4. -dオプションは存在するが、シンボリックリンクを作成するときには使用できない。

参照：第3章第8節

問題7 正解：3

解 説

1. findコマンドもファイルを探すコマンドとして有用であるが、書式が異なっている。
2. searchというコマンドは存在しない。
4. digコマンドは、DNSサーバーに問い合わせを行うコマンドである。

参照：第3章第9節

問題8 正解：4

解 説

　lessコマンドは多用するため、基本的な操作コマンドはしっかりと覚えておこう。

キー	動作
空白　f　Ctrl-F	1画面分進む
b　Ctrl-B	1画面分戻る
Return　j　e	1行分進む
k　Ctrl-K	1行分戻る
d　Ctrl-D	半画面分進む
u　Ctrl-U	半画面分戻る
/	検索文字列の指示（入力待ちになる）
n	次の検索文字列に進む
N	前の検索文字列に戻る
h　H	ヘルプの表示（qで終了）
:n	次のファイルに移動する
:p	前のファイルに移動する
v	エディターを起動する（デフォルトはvi）
q　Q	lessコマンドの終了

参照：第4章第1節

問題9　正解：1

解　説

　headコマンドで先頭から20行目までを取り出し、続くtailコマンドでその末尾11行を取り出す。取り出す行は11行であることに注意しよう。

参照：第4章第1節

問題10　正解：3

解　説

1. エラー出力はリダイレクトされないため、画面に表示される。
2. ファイルresultにエラー出力も書き込まれる。
3. /dev/nullへ書き込んだ内容はすべて捨てられるため正しい。
4. /dev/zeroに書き込んでも何も起こらないため、題意を満たすことはできるが、適切な使い方とはいえない。

　なお、findコマンドは、さまざまな条件を指定して、一致するファイルやディレクトリを探し出すコマンドである。

参照：第4章第2節、第3編第1章5節

問題11　正解：2

解　説

　grepコマンドの-vオプションは、パターンに一致しない行を抽出することを意味する。正規表現'^$'は、先頭と末尾の間に何もない、つまり空行を意味するため、イディオムとして覚えておこう。

参照：第4章第4節

問題12　正解：2

解　説

　grepコマンドで使用する「正規表現」は非常に重要なため、実際に試してしっかりと理解しておく必要がある。指定されている正規表現は、1文字の英小文字に続いて、eがある行にマッチすることを示している。

参照：第4章第4節

問題13 正解：2

解 説

sortコマンドの主要なオプションは覚えておこう。

オプション	意味
-n	ソート対象を数値として扱う。指定しない場合は文字コードの順となる
-r	降順でのソート（大きいものから小さいものへ）を行う
-t	フィールドの区切り文字を指定する
-k	ソート対象のフィールド番号を指定する

参照：第4章第5節

問題14 正解：4

解 説

tarコマンドの動作モードtはアーカイブ内容の一覧、xは展開である。また、圧縮プログラムとの連携オプションjはbzip2形式（.bz2）、Jはxz形式である。したがって、tar xjfが正しい。

参照：第5章

問題15 正解：2

解 説

tarコマンドの動作モードcはアーカイブの作成、tはアーカイブ内容の一覧、xは展開である。また、圧縮プログラムとの連携オプションzはgzip形式（.gz）、Jはxz形式である。したがって、tar cJfが正解となる。

参照：第5章

問題16 正解：3

解 説

エディタは実際に操作して、2～3個の文書を作成または入力してみるとよい。重要なコマンドはそのときに必ず使うものである。実際に操作して覚えておけば、簡単な問題のはずである。

参照：第6章第1節

問題17 正解：4

解 説

置換コマンドのsは、substitute（置き換えるの意）である。修飾子gは、globalの意である。ほとんどのコマンドやオプションは英単語をベースにしているので、オプション1文字ではなく、基になった単語を覚えるとよい。

参照：第6章第4節

問題18 正解：3

解 説

1. ノーマルモードでzzと入力すると、ファイルを保存してエディタを終了する。

2. 編集作業を中断するコマンドであるが、ファイルを編集済みの場合は警告メッセージが表示されて実行されない。

4. コマンドラインモードでwコマンドとqコマンドを続けて実行することになるが、変更が保管される。

5. コマンドラインモードに大文字のQというコマンドは存在しない。

参照：第6章第4節

問題19 正解：3

解 説

シェルの制御コマンドの構文は正しく覚えること。for文は次のとおりである。

```
for ループ変数 in リスト
do
      実行文
done
```

参照：第7章第3節

問題20 正解：4

解 説

主にシェルスクリプトの中で特殊変数がいくつかある。直前のコマンドが成功したか失敗したかを知りたいため、$? を使用することになる。

シェル変数	意味
$n（nは数字）	引数を示す位置変数
$#	引数の数
$* $@	すべての引数がリストとして納められる
$?	直前に実行したコマンドの終了ステータス
$$	実行中のシェルのプロセスID

参照：第7章第3節

解 説

シェルの制御コマンドの構文は正しく覚えること。if文は次のとおりである。

```
if コマンド①; then
     実行文①
elif コマンド②; then
     実行文②
else
     実行文③
fi
```

4.も構文的には正しい（エラーにはならない）が、分岐にならず題意に沿わないため誤り。

参照：第7章第4節

問題22 **正解：1**

解 説

testコマンドの条件式は確実に覚えておこう。実際にスクリプトを書く際にも必須の知識である。

条件式	結果
A -eq B	AとBが等しいときに真
A -le B	A ≦ Bのときに真
A -lt B	A < Bのときに真
A -ge B	A ≧ Bのときに真
A -gt B	A > Bのときに真
-n S	文字列Sの長さがゼロでないときに真
-z S	文字列Sの長さがゼロであるときに真
S = T	文字列Sと文字列Tが等しいときに真
S != T	文字列Sと文字列Tが等しくないときに真
F -nt G	ファイルFがファイルGより新しいときに真
F -ot G	ファイルFがファイルGより古いときに真
-f F	Fがファイルであるときに真
-d F	Fがディレクトリであるときに真
-r F	Fが読み出し可能なときに真
-w F	Fが書き込み可能なときに真
! EXP	EXPが偽のときに真
EXP -a EXP	EXP1とEXP2の論理積（AND）
EXP -o EXP	EXP1とEXP2の論理和（OR）

参照：第7章第4節

第3編　演習問題

問題1　正解：1・3・5

解　説

　型番の付け方は<u>メーカーによって異なる</u>ため、型番の数値の大きさは指標にはならない。また、一般的に、高性能なCPUは発熱量が大きく強力な冷却システムを必要とするが、<u>アーキテクチャによって異なる</u>ため、冷却ファンの能力は指標にはならない。

参照：第1章第1節

問題2　正解：2・4

解　説

1. psコマンドは<u>プロセスの状態を表示する</u>もので、メモリの使用状況は<u>表示できない</u>。
2. topコマンドは画面上部にメモリの使用状況を表示する。
3. memコマンドはLinuxには<u>存在しない</u>。
4. freeコマンドはメモリの使用状況を表示する。
5. totalコマンドはLinuxには<u>存在しない</u>。

参照：第1章第4節

問題3　正解：1・4

解　説

　uptimeコマンドは、システムが起動してからの時間やロードアベレージが表示されるが、<u>プロセスに関する詳細は表示されない</u>。また、pstatおよびproclsというコマンドは<u>存在しない</u>。なお、psコマンドは多用するため、主要なオプションも覚えておくとよい。

参照：第1章第4節

問題4　正解：2・4

解　説

　「容量が4TBまでのハードディスク」という<u>制限はない</u>（ひっかけの選択肢）。また、「x86_64アーキテクチャのみ」という制約は、<u>旧来のBIOSにあったもの</u>であり、UEFIでは解消されている。UEFIは、新しい規格であり、新しいマザーボードやメーカー製PCでは広く使われているが、旧来のBIOSもまだ広く使われているため、両方の知識が必要である。

参照：第1章第5節

問題5 正解：1・3

解説

　一般ユーザー用コマンドを置くディレクトリは、/binおよび/usr/binである。/binにはシステムメンテナンス時に必要なコマンドが、/usr/binにはそれ以外の普通のコマンドが置かれる。ただし、一般ユーザーがメンテナンスモードを使用することはないため、差異を意識する必要はあまりない。なお、/applicationsおよび/programfilesは、Linuxに存在しない。

参照：第1章第6節

問題6 正解：3

解説

　manページは/usr/share/manディレクトリに、infoファイルは/usr/share/infoディレクトリに置かれている。Linuxカーネルに付属の文書類はカーネルソースに含まれており、通常のディストリビューションには含まれていない。なお、Microsoft Wordで書かれた文書ファイル（.docファイル）はひっかけの選択肢である。

参照：第1章第6節

問題7 正解：1・4

解説

1. /procディレクトリの特徴として、最も重要なものである。/procディレクトリにあるファイルを参照することで、psコマンドで表示されるようなプロセスに関する情報をすべて得られる。
2. ファイルcpuinfoを参照するとCPUに関する情報が得られるが、統計情報は含まれていない。
3. /sysディレクトリの特徴である。
4. /procディレクトリの特徴の一つである。

参照：第1章第7節

問題8 正解：1・3・4

解説

　IPv4のプライベートアドレスの範囲は、次のとおりである。
- 10.0.0.0/8 (10.0.0.0〜10.255.255.255)
- 172.16.0.0./12 (172.16.0.0〜172.31.255.255)
- 192.168.29.0/24 (192.168.0.0〜192.168.255.255)

　特に、172.16.0.0/12は、ネットワーク部が12ビットでわかりにくいため、しっかりと覚えておこう。

参照：第2章第3節

問題9　　正解：3・4

解　説

　ifconfigコマンドは、ネットワークインターフェイスの状態を表示・設定するコマンドである。また、ipconfigコマンドおよびportsコマンドは、Linuxには存在しない。なお、netstatコマンドは伝統的なコマンドであり、現在は、ssコマンドを使うことが多い。

参照：第2章第5節

問題10　　正解：2・5

解　説

1. ADDRというリソースレコードは存在しない。
2. AレコードはIPv4アドレスを示す。
3. CNAMEはホストに対する別名を示す。
4. MXはドメインに対するメールサーバーを示す。
5. AAAAレコードはIPv6アドレスを示す。

参照：第2章第6節

問題1　正解：4

解　説

　Linuxのシステム管理アカウントはrootであり、UIDもGIDも0である。

参照：第1章第1節

問題2　正解：2

解　説

1. ユーザーアカウントを定義するファイルである。
2. グループを定義するとともに、セカンダリグループのメンバーとなるユーザーを指定するファイルである。プライマリグループはpasswdファイルのGIDフィールで定義され、groupファイルには含まれない（含まれる必要がない）。
3. ユーザーアカウントを定義するファイルである。
4. /etc/membersというファイルは存在しない。

参照：第1章第2節

問題3　正解：1・2・4

解　説

　「いったんログアウトして、rootとしてログインし直す」「suコマンドを実行する」「sudoコマンドを実行する」という方法でroot権限を得ることができる。ただし、「いったんログアウトして、rootとしてログインし直す」「suコマンドを実行する」ことは、セキュリティ上、推奨されない。現在では、rootアカウントをロックして、rootでのログインを禁止し、suコマンドも実行できなくして、特に認められた人にだけsudoコマンドの実行を許可するのが一般的である。セキュリティに配慮した運用の常識は、時代とともに変化するため、常に情報のキャッチアップが必要である。

参照：第1章第2節

問題4　正解：2

解　説

　/etc/defaultディレクトリは、アプリケーションごとのデフォルト動作を定義する設定ファイルを置くディレクトリであり、ホームディレクトリとは関係がない。また、/etc/skelディレクトリには、ホームディレクトリにコピーしたいファイルをそのままの名前で置くディレクトリである。

参照：第1章第2節

問題5　正解：3

解説

wコマンドおよびwhoコマンドは、ユーザーが最後にログインした日時はわかるが、履歴はわからない。また、loginsというコマンドは存在しない。

参照：第1章第3節

問題6　正解：/var/log

解説

FHS（ファイルシステム階層標準）で、ログファイルは/var/logの下に置くことが推奨されている。なお、アプリケーション固有のログファイルでは、例外もあることに注意が必要である。

参照：第1章第3節

問題7　正解：2

解説

選択肢をシンボル表示で書くと、次のようになる。

1. 100　--x------
2. 700　rwx------
3. 711　rwx--x--x
4. 755　rwxr-xr-x
5. 777　rwxrwxrwx

参照：第2章第2節

問題8　正解：2・4

解説

1. chownコマンドでも、所有グループのみを変更できる。コロン「:」に続けてグループ名を指定するが、所有者も変更する場合の書式のため誤り。
3. chgrpコマンドでは、所有グループのみを指定する。書式が異なるため誤りである。
5. groupというコマンドは存在しない。

参照：第2章第2節

問題9 正解：4

解 説

1. メンバーが essentials ディレクトリの一覧を見ることができない。
2. 書き込み権限がないため、メンバーがディレクトリにファイルを追加することができない。
3. UPG を使用しているため、ディレクトリにメンバーが追加したファイルの所有グループは、メンバー固有になる。したがって、他のメンバーがアクセスできるかどうかわからない。
4. ディレクトリに対する SetGID がセットされているため、メンバーが追加したファイルの所有グループが essentials になり、グループのメンバーがアクセスできる。なお、グループのための共有ディレクトリを簡単に設定できることが、UPG の最大のメリットである。

参照：第2章第3節

問題10 正解：4

解 説

1. tricky ビットというものは存在しない。
2. SetUID ビットはユーザー実行可の位置に「s」で表示される。
3. SetGID ビットはグループ実行可の位置に「s」で表示される。
4. Sticky ビットはその他実行可の位置に「t」で表示される。ディレクトリにあるファイルの所有者でなければ、そのファイルを削除できないことを意味している。
5. trashy ビットというものは存在しない。

参照：第2章第3節